DEUTSCHE DEMOKRATISCHE REPUBLIK
DEUTSCHE AKADEMIE
DER LANDWIRTSCHAFTSWISSENSCHAFTEN ZU BERLIN

ARCHIV FÜR LANDTECHNIK

AKADEMIE-VERLAG · BERLIN

1967 · 6. BAND

Das „Archiv für Landtechnik" erscheint in Heften mit einem Umfang von je 5 Druckbogen (80 Seiten). Das letzte Heft eines Bandes enthält Inhalts- und Autorenverzeichnis.

Der Bezugspreis je Heft beträgt 10,— M. Sonderpreis für die DDR 5,— M.

Die Schriftleitung nimmt nur Manuskripte an, deren Umfang 25 Schreibmaschinenseiten nicht überschreiten und die bisher noch nicht, auch nicht in anderer Form, im In- oder Ausland veröffentlicht wurden. Jeder Arbeit ist eine Zusammenfassung mit den wichtigsten Ergebnissen (nicht länger als 20 Zeilen), wenn möglich auch in russischer und englischer bzw. französischer Sprache, beizufügen. Gegebenenfalls erfolgt die Übersetzung in der Akademie.

Manuskripte sind zu senden an die Schriftleitung: Dr. agr. JOACHIM GÜSSEFELDT, Institut für Landwirtschaftliche Information und Dokumentation, 108 Berlin, Krausenstraße 38/39.

Die Autoren erhalten Umbruchabzüge zur Korrektur mit befristeter Terminstellung. Bei Nichteinhaltung der Termine erteilt die Redaktion Imprimatur.

Verlag: Akademie-Verlag GmbH, 108 Berlin 8, Leipziger Straße 3—4, Fernruf: 220441. Telex-Nr. 112020, Postscheckkonto: Berlin 35021. Bestellnummer dieses Verzeichnisses: 1043/VI.

Veröffentlicht unter der Lizenznummer 1304 des Presseamtes beim Vorsitzenden des Ministerrates der Deutschen Demokratischen Republik.

Gesamtherstellung: VEB Druckerei „Thomas Müntzer" Bad Langensalza.

Inhalt des 6. Bandes

Heft 1

Heft 2

Heft 3

Autorenverzeichnis

DEUTSCHE DEMOKRATISCHE REPUBLIK
DEUTSCHE AKADEMIE
DER LANDWIRTSCHAFTSWISSENSCHAFTEN ZU BERLIN

ARCHIV FÜR LANDTECHNIK

AKADEMIE-VERLAG · BERLIN

THEORIA CUM PRAXI

BAND 6 · 1967 · HEFT 1

Arch. Landtechnik · Bd. 6 · 1967 · H. 1 · S. 1–93 · Berlin

Herausgeber: Deutsche Demokratische Republik . Deutsche Akademie der Landwirtschaftswissenschaften zu Berlin

Chefredakteur: Prof. Dr.-Ing. HEINRICH HEYDE, Berlin

Redaktionskollegium: Prof. Dr.-Ing. WERNER GRUNER, Dresden; Prof. Dr. agr. Dipl.-Ing. KONRAD RIEDEL, Halle; Dr.-Ing. HELMUT REICHEL Leipzig; Dr. agr. GERHARD MÄTZOLD, Gundorf; Dr. agr. ERICH KRAAZ, Potsdam-Bornim

Technische Redaktion: Dr. agr. JOACHIM GÜSSEFELDT, Berlin

Das „Archiv für Landtechnik“ erscheint in Heften mit einem Umfang von je 5 Druckbogen (80 Seiten). Das letzte Heft eines Bandes enthält Inhalts-, Autoren- und Sachverzeichnis.

Der Bezugspreis je Heft beträgt 7,50 MDN. Sonderpreis für die DDR 5,— MDN.

Die Schriftleitung nimmt nur Manuskripte an, deren Umfang 25 Schreibmaschinenseiten nicht überschreiten und die bisher noch nicht, auch nicht in anderer Form, im In- oder Ausland veröffentlicht wurden. Jeder Arbeit ist eine Zusammenfassung mit den wichtigsten Ergebnissen (nicht länger als 20 Zeilen), wenn möglich auch in russischer und englischer bzw. französischer Sprache, beizufügen. Gegebenenfalls erfolgt die Übersetzung in der Akademie.

Manuskripte sind zu senden an die Schriftleitung: Dr. agr. JOACHIM GÜSSEFELDT, Institut für Landwirtschaftliche Information und Dokumentation, 108 Berlin, Krausenstr. 38/39.

Die Autoren erhalten Umbruchabzüge zur Korrektur mit befristeter Terminstellung. Bei Nichteinhaltung der Termine erteilt die Redaktion Imprimatur.

Verlag: Akademie-Verlag GmbH, 108 Berlin, Leipziger Straße 3—4, Fernruf: 220441. Telex-Nr. 011773. Postscheckkonto: Berlin 35021. Bestellnummer dieses Heftes: 1043/VI/1.

Veröffentlicht unter der Lizenznummer 1304 des Presseamtes beim Vorsitzenden des Ministerrates der Deutschen Demokratischen Republik.

Gesamtherstellung: VEB Druckerei „Thomas Müntzer“, 582 Bad Langensalza.

DEUTSCHE DEMOKRATISCHE REPUBLIK
DEUTSCHE AKADEMIE
DER LANDWIRTSCHAFTSWISSENSCHAFTEN ZU BERLIN

ARCHIV FÜR LANDTECHNIK

AKADEMIE-VERLAG · BERLIN

THEORIA CUM PRAXI

6. BAND · 1967 · HEFT 1

Arch. Landtechnik · Bd. 6 · 1967 · H. 1 · S. 1—93 · Berlin

Inhalt

Arch. Landtechnik · Bd. 6 · 1967 · H. 1 · S. 3—20 · Berlin

Aus dem Institut für Landmaschinentechnik der Technischen Universität Dresden

RUDOLF SOUCEK

Die dynamischen Eigenschaften des hydraulischen Drehmomentmeßgerätes Typ C-3 mit Schreibwerk Typ K-4

Eingegangen: 15. April 1965

Verwendete Kurzzeichen

b	[m/s²]	Beschleunigung
c	[kp/cm]; [kpm/rad]	Federkonstante
D	[—]	Dämpfungsgrad
f	[Hz]	Eigenfrequenz des gedämpften Schwingungssystems
F	[Hz]	Erregerfrequenz
M	[kpm]	Drehmoment
M_a	[kpm]	Amplitude des Drehmomentes
M_m	[kpm]	mittleres Drehmoment
m	[kg]	Masse
P	[kp]	Kraft
$p_ü$	[kp/cm²]	Vorspanndruck (Überdruck) im Druckbehälter
V	[—]	Vergrößerung $= \dfrac{\text{vom Schreibwerk registrierte Amplitude}}{\text{eingeleitete Amplitude}}$
α	[°]; [rad]	Phasenverschiebung zwischen eingeleiteter und registrierter Schwingung
ε	[1/s²]	Winkelbeschleunigung
η	[—]	Abstimmung $\eta = \Omega/\omega_D = F/f$
Θ	[kpcms²]	Trägheitsmoment
φ	[°] [rad]	Drehwinkel
Ω	[1/s]	Erregerkreisfrequenz $\Omega = 2\pi \cdot F$
ω_0; ω_D	[1/s]	Eigenkreisfrequenz des ungedämpften oder gedämpften Schwingungssystems $\omega_D = 2\pi \cdot f$

1. Zweck der Untersuchung

Bei Meßeinrichtungen, die den zeitlichen Verlauf einer Meßgröße registrieren, muß vorausgesetzt werden, daß die Meßeinrichtung die Meßgröße richtig widerspiegelt oder daß Maßstäbe für die richtige Deutung der registrierten Größe vorliegen.

Eine speziell für den Gebrauch in der Landtechnik geschaffene Meßeinrichtung, bestehend aus dem am Institut für Landtechnik Potsdam-Bornim entwickelten und vom Institut für Landmaschinentechnik der Technischen Universität Dresden nachgebauten hydraulischen Drehmomentmeßgerät Typ C—3 und dem am Institut für Landtechnik Potsdam-Bornim entwickelten und von der Fa.

Pielot in Potsdam-Bornstedt hergestellten hydraulischen Schreibwerk Typ K—4, wurde auf ihre Eignung für die Registrierung von harmonisch verlaufenden Belastungsschwankungen untersucht. Diese Untersuchung wurde notwendig, da eine Anzahl solcher Meßgeräte im Einsatz sind und aus den dynamisch ausgewerteten Meßergebnissen Schlußfolgerungen gezogen wurden, die auf Grund der fehlenden Untersuchung nicht bewiesen und nach den in diesem Beitrag dargelegten Ergebnissen nicht zu vertreten sind [1]. In diesem Zusammenhang muß darauf hingewiesen werden, daß sowohl in der DDR als auch international hydraulische Drehmoment- und Zugkraftmeßgeräte auf dem Markt sind oder von den Benutzern selbst hergestellt werden, die z. B. „. . . für große und schnell wechselnde Zugkräfte . . .“ [11] angeboten werden, zu denen aber keine Angaben über ihre dynamischen Eigenschaften vorliegen [2; 9; 10; 11].

2. Stand der Forschung

Die Auswertung der Literatur dieses Gebietes ergibt eindeutig, daß eine theoretische Behandlung des Meßproblems z. Zt. nur rein qualitativ möglich ist, zuverlässige quantitative Ergebnisse aber nur aus der praktischen Untersuchung des jeweiligen Meßsystems gewonnen werden können, wobei die theoretischen Betrachtungen für die Erklärung der Meßergebnisse wichtig sind.
Eine eingehende theoretische Untersuchung eines hydraulischen Zugkraftmeßgerätes [4] führt zu dem Schluß, daß eine wirkende Wechselkraft infolge der dynamischen Kennwerte des Systems erheblich verzerrt aufgezeichnet wird. Die nichtlineare Federcharakteristik bedingt, daß die Schwingungen ein für nichtlineare Systeme charakteristisches Resonanzverhalten zeigen, von den Ausgangswerten abhängig sind und daß der Mittelwert fehlerbehaftet ist. Nachteilig ist hierbei das Fehlen berechneter oder versuchsmäßig ermittelter quantitativer Zusammenhänge.
Die Ergebnisse der dynamischen Untersuchung des Schreibwerkes Typ K—4 [8] werden im folgenden voll bestätigt, sie lassen jedoch noch keine endgültige Aussage über die Brauchbarkeit des Meßsystem zu, da der Einfluß des speziellen Meß*gebers* sowie einiger anderer wichtiger Parameter darin fehlen. Ähnliche Untersuchungen wurden an einer hydraulischen 6-Komponenten-Meßeinrichtung für Bodenbearbeitungswerkzeuge durchgeführt [3]. Die Ergebnisse bestätigen ebenfalls die große Abhängigkeit des registrierten Verlaufs der Meßgröße von den dynamischen Kennwerten. Eine eingehende theoretische und praktische Untersuchung über mechanische Indikatoren liegt vor [5], so daß die späteren Betrachtungen auf die mit dem untersuchten System C—3/K—4 erzielten Ergebnisse beschränkt werden können.

3. Begründung und Beschreibung des Versuchsaufbaues

Die Untersuchung eines Meßsystems an einem praktischen Vorgang (z. B. Antrieb einer Landmaschine) mittels Vergleich zwischen dem zu untersuchenden Meßgerät und einem mit seinen Fehlern bekannten Meßverfahren liefert für den jeweiligen Vorgang eine brauchbare Aussage, die sich jedoch nicht verallgemeinern läßt. Die Untersuchung muß deshalb mit Parametern durchgeführt werden, die das dynamische System eindeutig kennzeichnen. Diese Kennwerte eines Schwingungssystems sind Masse (Trägheitsmoment), Federcharakteristik, Dämpfungskonstante und Erregerfrequenz, die ihrerseits von vielen Faktoren abhängig sind. Für die Feststellung der allgemeinen Gesetzmäßigkeiten ist es deshalb zweckmäßig, die Untersuchung bei sinusförmiger Belastung der Meßeinrichtung durchzuführen.

Die Erzeugung einer frequenzunabhängigen, konstanten schwingenden Belastung bereitete bei der Versuchsvorbereitung die größten Schwierigkeiten. Theoretisch lassen sich diese Forderungen am besten mittels einer freien Belastung ($P = m \cdot b$; $M = \Theta \cdot \varepsilon$) verwirklichen, die aber versuchstechnisch mit hohem Aufwand verbunden sind. Der Meßgeber wurde deshalb an einem Ende fest eingespannt und am anderen Ende über einen Kurbeltrieb schwingend belastet ($M = c \cdot \varphi$) (Abb. 1 und 2). Der Antrieb erfolgt über 2 gekoppelte stufenlos regelbare Kettengetriebe (A, B) im Frequenzbereich 1,8 $\cdots$ 27,2 Hz. Mittelwert M_m und Amplitude M_a der Belastung sind durch kontinuierliche Verstellung der Koppellänge (C) und des Kurbelradius (R) einstellbar.

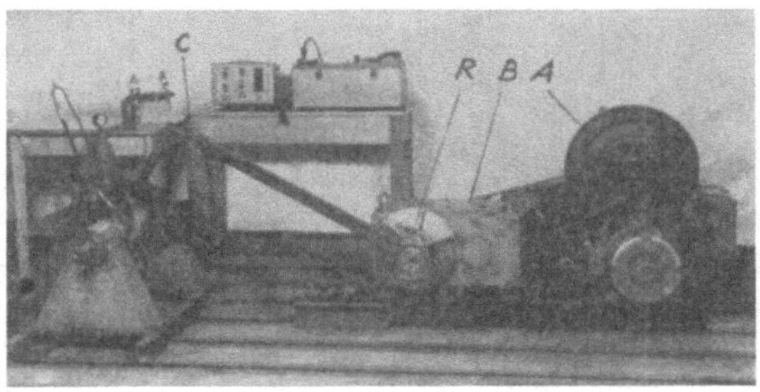

Abb. 1: Versuchsstand mit Kurbeltrieb als Belastungseinrichtung für den Meßgeber
A und B: stufenlos regelbare Getriebe für Antriebsfrequenz 1,8 $\cdots$ 27,2 Hz
C: Einstellung der mittleren Belastung durch Veränderung der Koppellänge
R: Einstellung der Lastamplitude durch Veränderung des Kurbelradius

Die Wirkungsweise des Meßgerätes [9] läßt sich wie folgt beschreiben (Abb. 2): Mit der Antriebswelle (2) ist der Antriebsflansch (3) fest verbunden. Er besitzt zwei um 180° versetzte links- und rechtsgängige Schraubensegmente, an denen die Wälzlager (4) anliegen. Diese sind auf dem Zapfen des Lagerträgers (5) angebracht. Auf dem gleichen Zapfen befinden sich die Lager (6), die in der gabelförmigen Ausfräsung des Gebergehäuses (7) liegen.

Ein bei (2) eingeleitetes und bei (8) abgenommenes Drehmoment erzeugt entsprechend der Steigung der Schraubenflächen am Flansch (3) eine Axialkraft. Diese verschiebt den Lagerträger (5) und den Druckring (9) in axiale Richtung entsprechend der Federcharakteristik des anschließenden Meßsystems. Das Druckstück liegt an der vierten, der freien Seite der ringförmigen Beutelmembran (10) an. Die axiale Verschiebung des Druckringes bewirkt in der Membran eine Druckerhöhung, die sich durch die Verbindungsleitung (11) fortpflanzt und am Schreibwerk einen, der Charakteristik des Metallfaltenbalges (13) und der auswechselbaren Indikatorfeder (14) entsprechenden Schreibhebel-

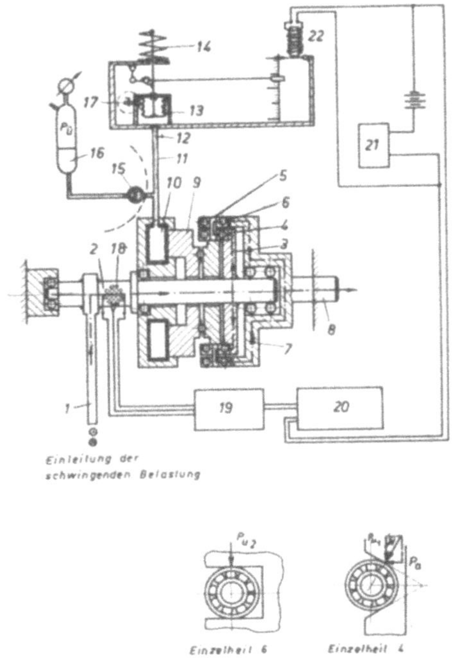

Abb. 2: Schematische Darstellung des hydraulisch-mechanischen Meßsystems.
1 Belastungsschwinge, 2 Eingangswelle, 3 Antriebsflansch, 4 u. 6 Wälzlager, 5 Lagerträger, 7 Gehäuse, 8 Ausgangswelle, 9 Druckring, 10 Membran, 11 Verbindungsleitung, 12 Drossel, 13 Metall-Faltenbalg, 14 Indikatorfeder, 15 Zweiwegeventil, 16 Druckausgleichbehälter, 17 Entlüftungsventil, 18 Dehnungsmeßstreifen, 19 Trägerfrequenzverstärker, 20 Schleifenoszillograph, 21 Impulsgeber, 22 Markiereinrichtung

ausschlag erzeugt. Die auf das Membrangehäuse ausgeübte Längskraft wird von einem Stützlager aufgenommen. Druckring und Membrangehäuse mit Membran stehen im Gegensatz zu allen übrigen Teilen still, so daß die Abnahme und Weiterleitung des Überdruckes aus der Membran keine Schwierigkeiten bereitet. (Ähnliche Meßeinrichtungen wurden bereits früher beschrieben [6].) Als Übertragungsflüssigkeit wurde „Globo"-Bremsflüssigkeit verwendet. Mit Hilfe der Drossel (12) kann die Dämpfungskonstante verändert werden.
In allen Versuchen wurde das tatsächlich eingeleitete Moment mit Hilfe von Torsions-Dehnmeßstreifen (18), Trägerfrequenzverstärker (19) und Schleifenoszillograph (20) gemessen und registriert. Für die Feststellung der Phasenlage zwischen der eingeleiteten und der vom Schreibwerk registrierten Schwingung wurde mit Hilfe eines Impulsgebers (21) die Zuordnung von Oszillogramm und Indikatormeßschrieb festgelegt. Für den Papiervorschub wurde nur die Schaltstufe des Schreibwerkgetriebes mit der größten Übersetzung verwendet, da der Antrieb über einen am Schreibwerk angeflanschten drehzahlgeregelten Gleichstrommotor erfolgte. Dadurch wurde ein gleichmäßiger Papiervorschub erzielt. Beim Antrieb über eine biegsame Welle vom Drehmomentmeßgeber aus wurden vor allem bei hohen Papiergeschwindigkeiten Schwingungserscheinungen im Papiervorschub festgestellt.

4. Durchführung und Ergebnisse der Versuche

4.1. Voruntersuchungen

4.1.1. Veränderungen am ursprünglichen Meßsystem

Die an dem im Abschn. 3 beschriebenen Meßsystem zu verschiedenen Zeiten durchgeführten Versuche unter scheinbar gleichen Bedingungen zeigten keine übereinstimmenden Ergebnisse. Als eine Ursache wurde festgestellt, daß bereits beim Füllen des Hydrauliksystems mit Flüssigkeit unkontrollierbare Lufteinschlüsse auftreten, die bei der statischen Eichung ohne Bedeutung sind, die dynamischen Kennwerte aber erheblich beeinflussen. Weiter beeinflußte das bei diesen wie auch bei späteren Versuchen auftretende temperatur- und belastungsabhängige „Atmen" der Verbindungsteile, vor allem der Schläuche, das Meßergebnis erheblich. Beobachtungen an der unbelasteten oder mit einem konstanten Druck vorbelasteten Meßeinrichtung ergaben, daß in Abhängigkeit vom Verlauf der Temperatur sowie von Größe, Verlauf und Dauer der vorausgegangenen Belastung Druckänderungen im Hydrauliksystem auftreten. Deshalb wurden am Druckraum des Indikators das Entlüftungsventil (17) angebracht und an die Übertragungsleitung, unmittelbar am Austritt aus dem Meßgeber, über das Ventil (15) der Druckausgleichsbehälter (16) angeschlossen. Damit ist es möglich, die Leitung und den Indikator in gewissen Zeitabständen zu entlüften, um auch geringste Leckverluste auszugleichen, vor allem aber vor jeder Messung im unbelasteten Zustand einen konstanten Ausgangsdruck einzustellen. Mit dieser Einrichtung wurden reproduzierbare Ergebnisse erzielt.

4.1.2. Einfluß des Meßsystems auf die dynamischen Kennwerte eines Antriebes

Die bekannte Forderung, daß ein Meßsystem die Verhältnisse im praktischen Betrieb eines Antriebes nicht verändern darf, wenn über dessen dynamisches Verhalten ohne zusätzlichen rechnerischen Aufwand eine Aussage getroffen werden soll, wird leider allzuoft nicht berücksichtigt. Sie wird z. Zt. bei Beanspruchungsmessungen mit Dehnmeßstreifen, die am ungeschwächten Bauteil aufgeklebt sind, am vollkommensten erfüllt.

Das vorliegende Meßsystem wird dieser Forderung in keiner Weise gerecht. Die Drehsteife ($c = M/\varphi$) (Abb. 3) ist nicht konstant. Die Ursachen hierfür liegen in der nicht ganz linearen Kennlinie der Indikatorfeder einschließlich Faltenbalg, in der unten (Abschn. 4.1.3) näher erläuterten Ausführung der Schraubenflächen im Antriebsflansch des Meßgebers und vor allem in den Federeigenschaften der Membran und der Verbindungselemente. Mit den drei zum Schreibwerk gehörenden Indikatorfedern erreicht der Schreibstift Vollausschlag auf dem Meßschrieb bei (Abb. 4):

35 kpm für Feder Nr. 1,5
20 kpm für Feder Nr. 3
12 kpm für Feder Nr. 6

Die eingezeichneten linearen Federkennlinien im oberen und unteren Belastungsbereich (Abb. 3) zeigen, daß der Einbau des Meßsystems bezüglich der Federsteife vergleichsweise dem zusätzlichen Einbau einer Welle von 40 mm Durchmesser und 2 m Länge (oberer) oder einer Welle von 40 mm Durchmesser und 6,4 m (!) Länge (unterer Bereich) entspricht. Damit ist die Untersuchung des Schwingungsverhaltens oder der Spitzenbeanspruchung eines Antriebes von vornherein fraglich.

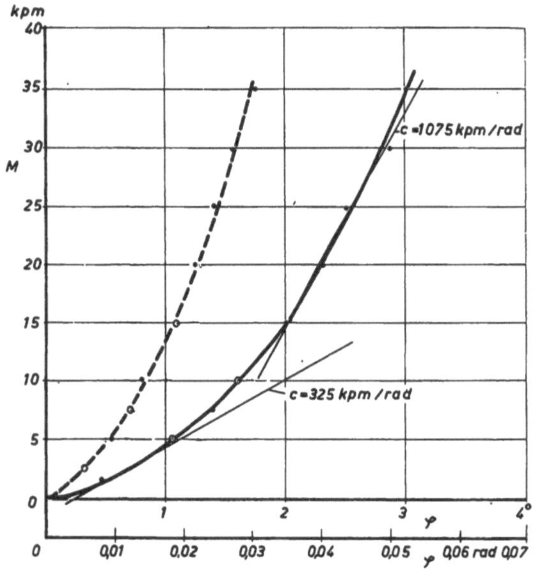

Abb. 3: Drehsteifigkeitsverhalten der Meßeinrichtung ($p_ü = 0$)
Indikatorfeder 1,5
——— mit, ---- ohne Schlauchverbindung

4.1.3. Eichung des elektrischen und hydraulischen Meßsystems

Das elektrische und hydraulische Meßsystem wurden gleichzeitig durch Gewichtsbelastung der Antriebsschwinge statisch geeicht. Die zwischen Be- und Entlastung auftretende große Hysterese (Abb. 4) ist vor allem auf die Toleranzen in den mechanischen Übertragungsteilen und auf die statische Reibung im gesamten Meßsystem zurückzuführen. Diese Reibung ist von zahlreichen Faktoren abhängig (Belastung, Temperatur), die z. T. subjektiv beeinflußbar sind (Anpreßkraft des Schreibstiftes, Schmierzustand der Lager).
Die Tatsache, daß sich mit verändertem Vorspanndruck $p_ü$ im Druckausgleichbehälter (Abb. 2) die Eichkennlinie verschiebt, weist die Fertigungsungenauigkeiten der Schraubenflächen im Antriebsflansch nach. Theoretisch ist für alle Vorspanndrücke eine einheitliche Eichkennlinie zu erwarten (Abb. 5), die im unteren Bereich durch einen dem Vorspanndruck entsprechenden Ausschlag begrenzt wird. Der allmähliche Übergang der Eichkennlinien und deren Verschiebung bei Änderung des Vorspanndruckes beweisen, daß das Lager 4 bei

Abb. 4: Eingeleitetes Drehmoment M in Abhängigkeit vom Schreibkeilausschlag h des Schreibwerkes (statisch)

Vorspanndruck $p_ü$ =			
	0 at	•	———
	0,5 at	○	– · – · –
	1,0 at	×	–·· – ·· –
	2,0 at	+	– – ·· – –
	3,0 at	▽	– – – –

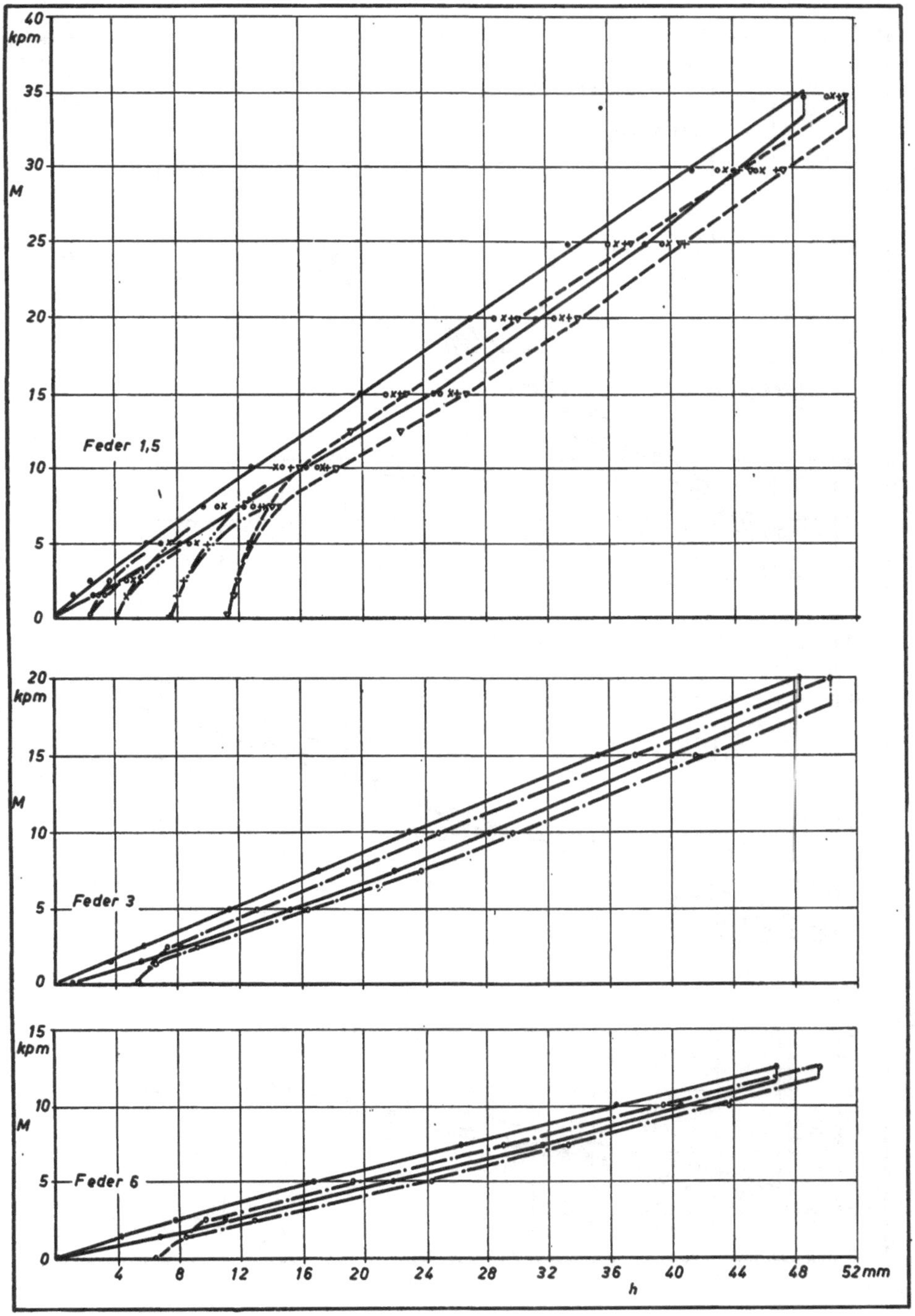

40 kpm
35
30
M
25
20
15
Feder 1,5
10
5
0
20 kpm
15
M
10
Feder 3
5
0
15 kpm
10
M
Feder 6
5
0
4
8
12
16
20
24
28
32
36
40
44
48
52 mm
h

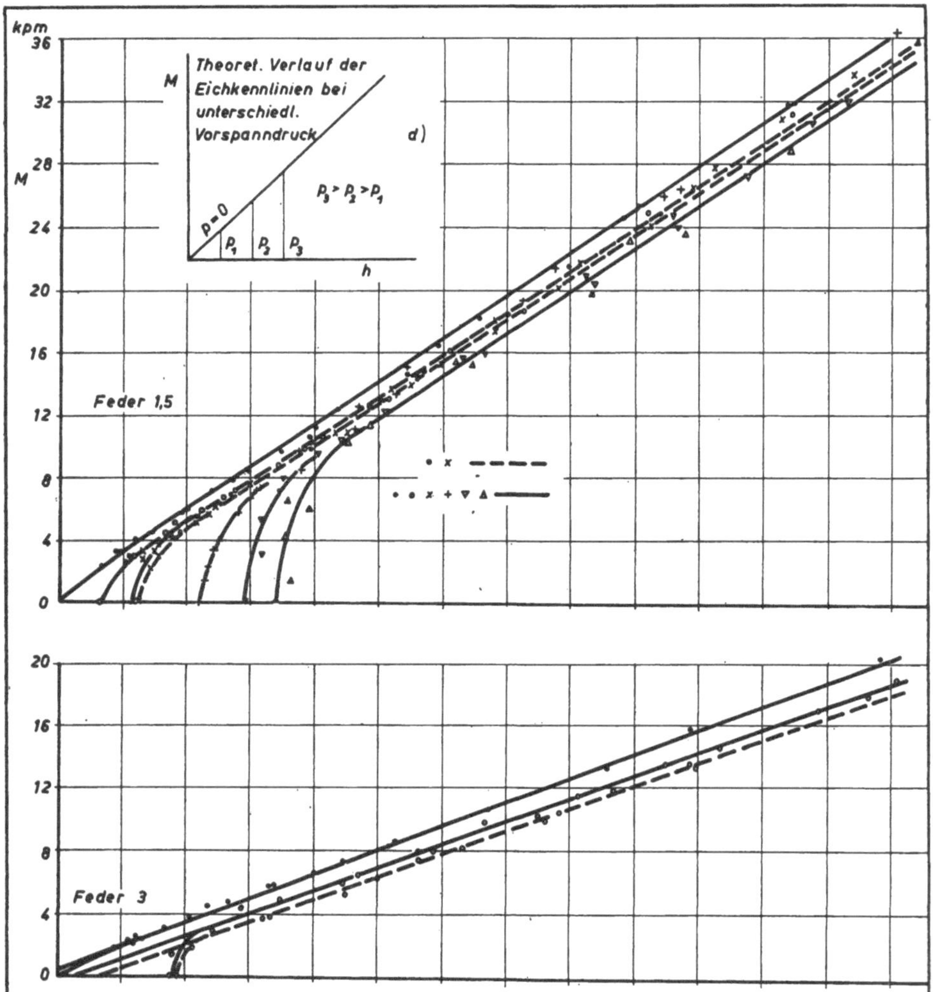

kpm
M
Theoret. Verlauf der
Eichkennlinien bei
unterschiedl.
Vorspanndruck
d)
p=0
$P_3 > P_2 > P_1$
P_1 P_2 P_3
h
Feder 1,5
Feder 3
Feder 6
mm
h

Belastung nicht sofort auf einer Schraubenlinie (Tangente an den Außendurchmesser des Lagers) abrollt, sondern daß der Radius, der Übergang zur Tangente und die Schraubenfläche selbst toleranzbehaftet sind. Die Prüfung zweier unterschiedlicher Herstellungsverfaaren für diese Kurven ergab, daß eine genauere Fertigung nicht möglich ist. Eine Verbesserung wäre durch die in Abb. 2 (Einzelheit 4) angedeutete konstruktive Veränderung möglich, damit das Lager auch in der Nullstellung auf einer eindeutig definierten Kurve anliegt.

Da sich aus den statischen Kennlinien eine mittlere Kennlinie (Eichkonstante) nur annähernd ermitteln läßt, wurde das System dynamisch geeicht (Abb. 6), indem das durch eine Bandbremse (1) erzeugte Moment über eine induktive

Abb. 6: Versuchsstand zur dynamischen Eichung des Meßsystems
1 Bandbremse (Bremstrommel, wassergekühlt);
2 Induktiver Druckkraftmeßgeber

Druckkraftmeßdose (2) und mit dem hydraulischen Meßsystem gemessen wurde. Die Eichkennlinien lassen erkennen, daß die Hysterese zwischen Be- und Entlastung weitgehend unterdrückt wird und diese Kennlinien als gute Mittelwerte für die statische Eichung zu verwenden sind (Abb. 5). Auch hier ist die Abhängigkeit vom Vorspanndruck und der dadurch bedingten Verschiebung des im gleichen Momentenbereich benutzten Abschnittes der Schraubenfläche erkennbar.

Abb. 5: Eingeleitetes Drehmoment M in Abhängigkeit vom Schreibkeilanschlag h des Schreibwerkes (dynamisch)

Vorspanndruck $p_{ü}$ = 0 at •
0,5 at ○
1,0 at ×
2,0 at +
3,0 at ▽
4,0 at △

• × ---- Belastungsrichtung links
• ○ × ▽ △ —— Belastungsrichtung rechts

Ein weiterer Nachteil der Fertigungstoleranzen ist, daß auch bei gleichem Vorspanndruck $p_{\ddot{u}}$ eine Verschiebung der Eichkennlinien in Abhängigkeit von der Drehrichtung vorliegt. Gemindert wird dieser Einfluß dadurch, daß das Meßgerät für Wechsellast nicht verwendet werden kann, da in beiden Belastungsrichtungen der Ausschlag des Schreibstiftes in ein und derselben Richtung erfolgt.

4.2. Hauptuntersuchungen

Aus den Versuchen sollten vor allem Aussagen über den Einfluß der Temperatur (Dämpfung), der Amplitude und des Mittelwertes auf das Amplitudenverhältnis (V = Verhältnis der vom Schreibwerk registrierten Amplitude zu der eingeleiteten, elektrisch gemessenen Amplitude) in Abhängigkeit von der Frequenz gewonnen werden. Infolge der Trägheitswirkung ergaben sich bei der höchsten Frequenz in Abhängigkeit von der Größe der Amplitude und des Mittelwertes Vergrößerungen der eingeleiteten Amplitude bis zu 10%.

4.2.1. Einfluß der Temperatur (Dämpfung)

Der in einem hydraulischen Druckübertragungssystem auftretende Dämpfungsgrad D ist vorwiegend von folgenden Parametern abhängig:

1. Abmessungen, vor allem Querschnitte der Übertragungsleitungen.
2. Reynoldszahl $R_e = \frac{v \cdot d_m}{\nu}$

   v Strömungsgeschwindigkeit
   d_m Durchmesser des durchströmten Querschnittes
   ν kinematische Zähigkeit
3. Wandreibung der Flüssigkeit. Diese Reibung ist von der Oberflächenbeschaffenheit der Leitungen, der Art der Flüssigkeit und ihrem Temperatur-Zähigkeitsverhalten, bei den auftretenden Meßdrücken von < 18 kp/cm² weniger von dem Druck-Zähigkeitsverhalten abhängig.

Im Temperaturbereich 0 · · · 30 °C ändert sich die *dynamische* Zähigkeit der verwendeten „Globo"-Bremsflüssigkeit von

$$\eta = 0{,}58 \cdot 10^{-6} \cdots 0{,}12 \cdot 10^{-6} \text{ kps/cm}^2 \quad (57 \cdots 11{,}8 \text{ cP})$$

Zur Vorklärung des Verhaltens der Meßeinrichtung wurde diese unter Verwendung verschiedener Verbindungsleitungen um einen konstanten Betrag verspannt und längere Zeit sich selbst überlassen. Der dabei vom Indikator registrierte Verlauf der Belastung wurde dem dazugehörigen Verlauf der Temperatur gegenübergestellt (Abb. 7).
Charakteristisch für alle Schlauchverbindungen ist ihr Kriechverhalten. Während bei den starren Leitungen der Belastungsverlauf sofort dem Temperaturverlauf folgt, sinkt bei den Schlauchverbindungen die Belastung infolge des „Kriechens" oder „Atmens" der Schläuche trotz anteigender Temperatur. Dieser Vorgang ist erst nach 1 · · · 2 Stunden beendet.

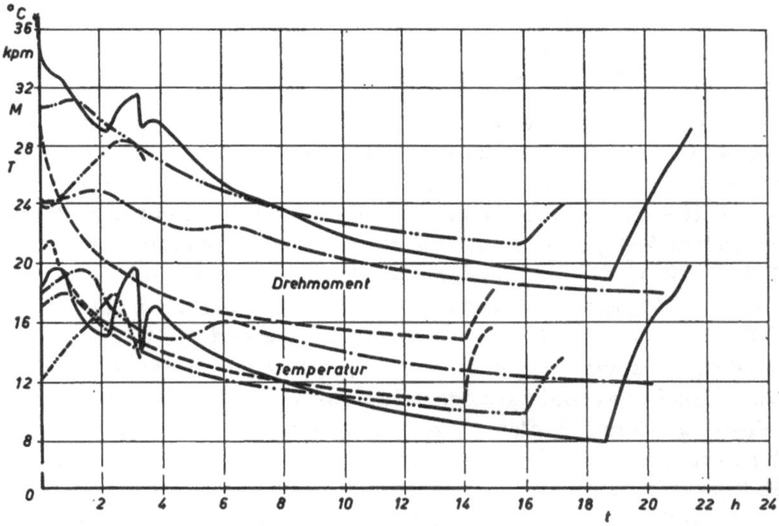

Abb. 7: Vom Indikator angezeigtes Drehmoment M in Abhängigkeit von der Zeit t bei veränderlicher Temperatur T und konstantem Verdrehwinkel des Meßgebers

——— Hochdruckschlauch I
– – – – Hochdruckschlauch II
– · – · – direkter Anschluß
– · · – · · – Kupferrohr
– – · · – – Kupferrohr und Schlauch

Diese Eigenschaft erschwerte die Versuche mit Schlauch als Verbindungselement, da die Belastung des Meßgebers wegproportional erfolgte und die gewünschte Einstellung von Mittelwert und Amplitude sich erst nach langer Vorbelastung des Schlauches einstellte. Trotzdem mußten bei unter sonst gleichen Bedingungen je nach den eingestellten Parametern in Abhängigkeit vom „Trainingszustand" der Schläuche, der auf Grund der notwendigen Belastungspausen und der unterschiedlichen Belastungsart und -dauer nicht genau kontrollierbar ist, Abweichungen im Vergrößerungsverhältnis bis zu 5% vom Endwert festgestellt werden. Diese sind auch im praktischen Betrieb möglich.

Für erzwungene gedämpfte Schwingungen mit gerader Federkennlinie und Erregung des Schwingers mit einem Freiheitsgrad durch eine äußere Kraft gilt folgende Beziehung für die Vergrößerung V [7]:

$$V = \frac{1}{\sqrt{(1 - \eta^2)^2 + 4\,D^2\,\eta^2}} \tag{1}$$

$\eta = \Omega/\omega_D = F/f$ Abstimmung
D Dämpfungsgrad

Für die Phasenverschiebung gilt die Beziehung

$$\alpha = \arctan \frac{2\,D}{1 - \eta^2} \tag{2}$$

Für einen zulässigen Fehler der Vergrößerung ergibt sich ein optimaler Dämpfungsgrad, für den der mögliche Abstimmungsbereich am größten wird. Der Verlauf der Vergrößerung und der Phasenverschiebung in Abhängigkeit von der Erregerfrequenz (Abb. 8) lassen auf ein solches Schwingungssystem des hydraulischen Meßgerätes schließen, wobei im untersuchten Temperaturbereich von 3,5 · · · 29 °C der Dämpfungsgrad mit Schlauchverbindung etwa zwischen $D = 0{,}5 \cdots 1{,}0$ liegt. Das bedeutet, daß bereits bei 3 Hz eine Vergrößerung von 0,9 · · · 1,1 und bei 6 Hz von 0,7 · · · 1,2 vorliegt.
Das Meßergebnis der Phasenverschiebung ist wegen der begrenzten Vorschubgeschwindigkeit des Indikatormeßschriebes vor allem bei hohen Frequenzen mit einem größeren Fehler ($\leq 25°$) behaftet. Dennoch ist die angedeutete Tendenz erkennbar. Nach diesen beiden Diagrammen liegt die Eigenfrequenz des Meßsystems bei rd. 9 Hz (Phasenverschiebung $\alpha = \pi/2$).
In Gl. (1) sind der Dämpfungsgrad D und die Eigenkreisfrequenz ω_D des gedämpften Schwingungssystems unbekannt. Wird die Gleichung nach D aufgelöst und für 2 Punkte einer Meßkurve (D = konst) die Erregerkreisfrequenz mit der zugehörigen Vergrößerung eingesetzt, so läßt sich die Eigenkreisfrequenz des Systems berechnen:

$$\omega_D = \sqrt[4]{\frac{\Omega_2^2 - \Omega_1^2}{\frac{1}{\Omega_2^2} - \frac{1}{\Omega_1^2} + \frac{1}{V_2^2\,\Omega_2^2} - \frac{1}{V_1^2\,\Omega_1^2}}} \tag{3}$$

Die Berechnung der Vergrößerungsfunktion mit den so ermittelten Werten für ω_D und D ergibt z. T. erhebliche Abweichungen gegenüber dem gemessenen Verlauf. Die Ursachen liegen darin, daß kein reines Einmassensystem und keine lineare Federkennlinie vorliegen.
Alle Versuche mit Hochdruckschlauch als Verbindungselement wurden bei offener Drossel durchgeführt (Verengung des Querschnitts durch einen einschraubbaren Gewindestift). Die Verengung der Drossel hat auf den Verlauf der Vergrößerungsfunktion den gleichen Einfluß wie die Erniedrigung der Temperatur. Für den vorliegenden Fall wäre dies nur für Temperaturen über 18 °C sinnvoll. Für Temperaturen unter 15 °C müßte durch Erweiterung der

Abb. 8: Vergrößerung V und Phasenverschiebung φ in Abhängigkeit von der Erregerfrequenz F und der Temperatur T

$T =$ 3,5 °C	•	mittlere Belastung M_m = 20 kpm	
10 °C	○	statische Amplitude M_a = 7 kpm	
20 °C	×		
25 °C	△	——— mit	Schlauchverbindung
29 °C	+	- - - - ohne	

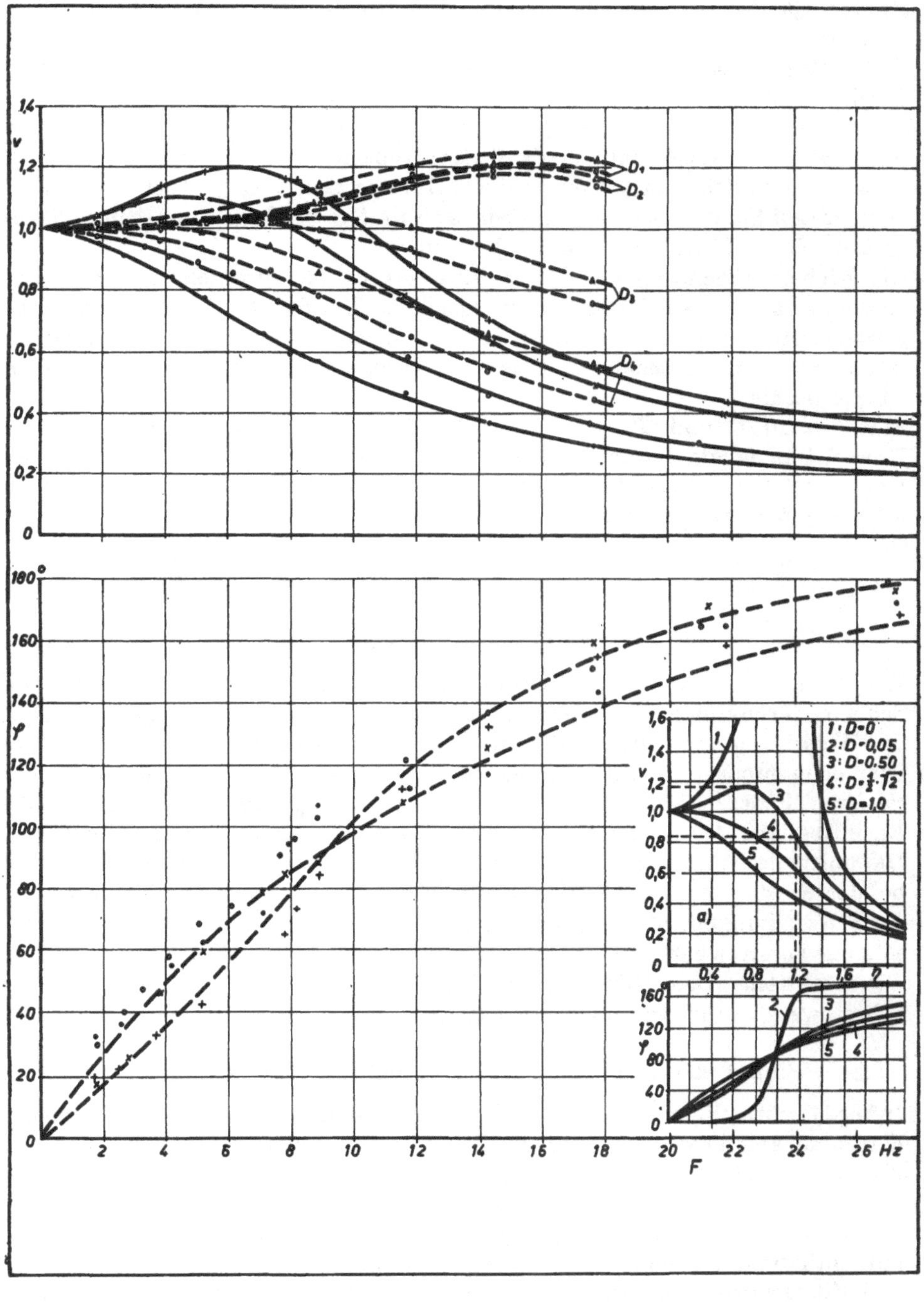
1,4
v
1,2
1,0
0,8
0,6
0,4
0,2
0
D1
D2
D3
D4
180°
160
140
φ
120
100
80
60
40
20
0
2
4
6
8
10
12
14
16
18
20
22
24
26 Hz
F
1,6
1,4
1,2
1,0
0,8
0,6
0,4
0,2
0
0,4
0,8
1,2
1,6
η
1: D=0
2: D=0,05
3: D=0,50
4: D=½·√2
5: D=1,0
a)
160
120
80
40
0
1
2
3
4
5

engsten Querschnitte im Übertragungssystem eine Verringerung der Drosselwirkung erreicht werden.
Um wenigstens bei niedrigen Frequenzen (<8 Hz) eine dynamische Auswertung durchführen zu können, müßte zu jeder Temperatur die günstigste Drosselstellung ermittelt werden. Eine derartige Betriebsanleitung für das Meßgerät erscheint jedoch wenig sinnvoll, da die Kontrolle der Temperatur im praktischen Einsatz große Schwierigkeiten bereitet. Infolge ständiger Temperaturschwankungen und Sonneneinstrahlung stellt sich im System keine einheitliche Temperatur ein (z. B. in Schlauch und Membran).
Die höchste Eigenfrequenz des Meßsystems ist bei direktem Anschluß des Schreibwerkes an den Meßgeber zu erreichen. Um den Papierantrieb noch zu gewährleisten, wurde zwischen Schreibwerk und Meßgeber ein Kupferrohr (250 mm × 6 mm) geschaltet. Diese Verbindung entspricht annähernd dem Direktanschluß.
Für $T = 10$ °C und $T = 25$ °C wurde die Vergrößerungsfunktion mit der Drosselstellung als Parameter dargestellt (Abb. 8). Die Kennzeichnung der Drosselstellung erfolgt durch Aufteilung des möglichen Einstellbereiches in 9 Teile (4,5 Schraubenumdrehungen):

Stellung D_1 : 0 (Drossel geöffnet)
D_2 : 6/9
D_3 : 8/9
D_4 : 9/9 (engste Drosselstellung).

Der Temperatureinfluß ist bei dieser Anordnung geringer, da sich bei der Schlauchverbindung eine Temperaturänderung nicht nur auf die Viskosität der Flüssigkeit, sondern auch auf die Stoffeigenschaften (Federsteife) des Schlauchgummis auswirkt. Infolge der geringeren schwingenden Masse, der steiferen Feder (Abb. 3) und der geringeren Dämpfung verschiebt sich die Eigenfrequenz des Systems ohne Schlauch zu höheren Werten ($f \approx 19$ Hz). Die optimale Einstellung der Drossel in diesem Temperaturbereich liegt etwa bei der Einstellung 7/9 ··· 8/9. Damit ist eine amplitudengetreue Wiedergabe der Schwingung mit rd. 10% Genauigkeit bis zu 12 ··· 15 Hz unter der Voraussetzung zu erreichen, daß Mittelwert und Amplitude konstant sind.
Die praktische Bedeutung dieser Einstellung ist nur gering, da damit das Schreibwerk festgelegt und der Einsatzbereich wesentlich eingeschränkt sind.

4.2.2. Einfluß der Belastungsamplitude und des Mittelwertes

Infolge der überlinearen Federkennlinie des Systems (Schlauch, Toleranzen der Kurve im Antriebsflansch) muß das Schwingungsverhalten von Mittelwert und Amplitude abhängig sein, was von den Versuchsergebnissen bestätigt wird (Abb. 9). Der Einfluß der Schwingungsgeschwindigkeit (Zeitabhängigkeit der Verformung des Schlauchgummis) ist in den praktischen Meßergebnissen ebenfalls enthalten. Da bei der Messung an Landmaschinen vorwiegend Amplituden- und Mittelwertschwankungen des Meßwertes auftreten, kann eine harmonische Schwingung mit der Schlauchverbindung nur bis etwa 2 Hz mit einer aus-

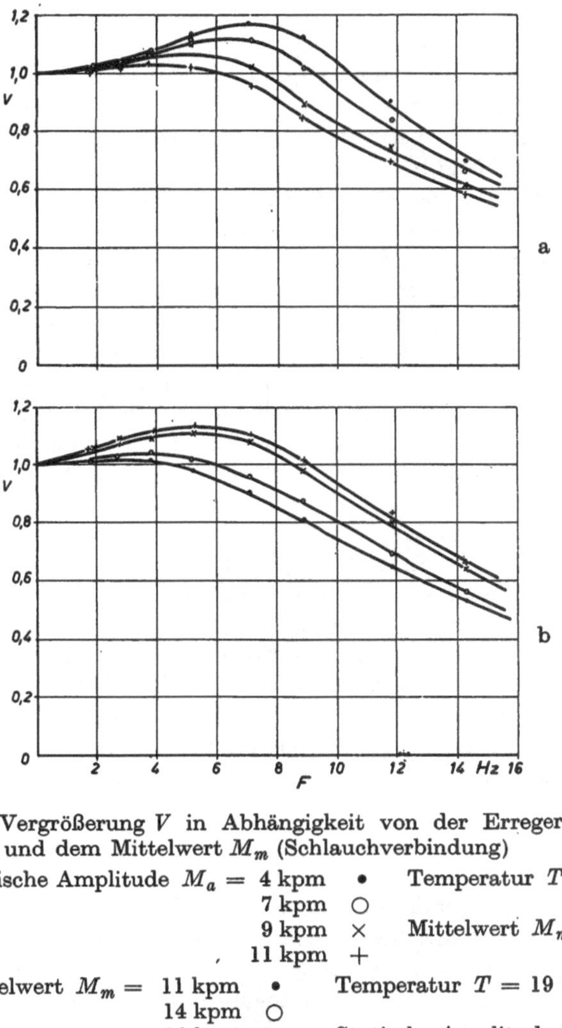

Abb. 9: Vergrößerung V in Abhängigkeit von der Erregerfrequenz F, der Amplitude M_a und dem Mittelwert M_m (Schlauchverbindung)

9a) Statische Amplitude M_a = 4 kpm • Temperatur T = 19 °C
7 kpm ○
9 kpm × Mittelwert M_m = 20 kpm
11 kpm +

9b) Mittelwert M_m = 11 kpm • Temperatur T = 19 °C
14 kpm ○
18 kpm × Statische Amplitude M_a = 6 kpm
21 kpm +

reichenden Genauigkeit dynamisch gemessen werden. Der Fehler wird größer, wenn periodische Vorgänge aus einem Gemisch von mehreren Harmonischen vorliegen oder wenn es sich um Einschaltvorgänge handelt, die vor allem bei stochastischen Vorgängen eine große Rolle spielen.

Der vom Indikator angezeigte planimetrische Mittelwert liegt in den Grenzen 0,5 · · · 1,5 kpm unter dem eingeleiteten Mittelwert. Ein systematischer Einfluß der untersuchten Parameter ist wegen der ebenfalls in diesen Grenzen liegenden Meßgenauigkeit nicht feststellbar. Die Differenz läßt sich mit den Reibungsverlstuen im mechanischen und hydraulischen System erklären.

5. Schlußfolgerungen

Die Untersuchungsergebnisse zeigen eindeutig, daß das verwendete Meßsystem nicht der Vorstellung von einer robusten, einfachen und leicht zu bedienenden Meßeinrichtung entspricht. Um verwertbare Ergebnisse zu erhalten, ist bei der Vorbereitung und Durchführung der Messungen größte Sorgfalt bezüglich Entlüftung des Hydrauliksystems, Einstellung des Vorspanndruckes, Beachtung von Temperatur und Drosselstellung notwendig, die den Anforderungen bei Verwendung einer elektrischen Meßeinrichtung nicht nachstehen. Auch wenn das Gerät nicht für dynamische Messungen, sondern nur für die Ermittlung des Mittelwertes eingesetzt wird, sind die geschilderten Maßnahmen durchzuführen (vor allem bezüglich Entlüftung und Vorspannung), um aussagefähige Ergebnisse zu erhalten. Um im Übertragungssystem einen konstanten Vorspanndruck einhalten zu können, ist ein erheblicher zusätzlicher Aufwand erforderlich. Infolge der Abhängigkeit der Meßergebnisse von Amplitude, Mittelwert, Temperatur, Belastungsfrequenz und -dauer ist die Meßeinrichtung mit Verbindungsschlauch für dynamische Messungen nicht, mit Direktanschluß des Schreibwerkes an den Meßgeber bedingt geeignet.
Prinzip und Ausführung der Meßeinrichtung sind verbesserungsfähig. Dazu gehören eine andere Gestaltung der Schraubenflächen im Antriebsflansch in Verbindung mit einer balligen Fläche des Außenringes von Lager 4 (Abb. 2) und Direktanschluß eines organisch mit dem Meßgeber verbundenen Schreibwerkes. Ob eine solche Entwicklung bei dem heutigen Stand der elektrischen Meßtechnik zweckmäßig ist, müßte am konkreten Fall begründet werden. Für den allgemeinen Einsatz derartiger Meßgeräte bei der Untersuchung von Landmaschinen kann diese Entwicklung nicht befürwortet werden.

6. Zusammenfassung

Mit einem hydraulischen Drehmoment-Meßgerät in Verbindung mit Federindikator und mechanischem Schreibwerk wurden Versuche über die Eignung dieser Meßeinrichtung für *dynamische* Messungen durchgeführt. Die Ergebnisse bestätigen die aus der Literatur bekannten theoretischen Erkenntnisse über die Frequenz-, Mittelwert-, Amplituden- und Temperaturabhängigkeit dieses nichtlinearen Schwingungssystems.
Infolge des gewählten Belastungsprinzips (Kurbeltrieb) wurde die Meßeinrichtung erst nach Anbringung eines Druckbehälters zum Vorspannen des Hydrauliksystems funktionsfähig. Diese Maßnahme ist auch für nicht wegabhängige Belastung vorteilhaft. Ein flexibler Schlauch zwischen Meßgeber und Indikator verschlechtert die Meßgenauigkeit, da der Schlauchwerkstoff eine nichtlineare Federcharakteristik besitzt, die außerdem von der Temperatur und der Belastungsdauer abhängig ist. Der direkte Anschluß des Schreibwerkes an den Geber verbessert die Meßgenauigkeit, schränkt aber in der vorliegenden Ausführung den Anwendungsbereich wesentlich ein. Der Einfluß der Toleranzen bei der Fertigung der mechanischen Übertragungsteile wird diskutiert. Die

Meßeinrichtung ist für die Messung von harmonischen Belastungsschwankungen bis zu 2 oder 15 Hz mit der dem System eigenen geringen Genauigkeit geeignet, je nachdem, ob eine Schlauchverbindung oder Direktanschluß vorliegen.

Резюме

Гидравлическим прибором для измерения крутящего момента в сочетании с пружинным индикатором и механическим самозаписывающим механизмом проводились опыты по определнию пригодности этих измерительных приборов для динамических измерений. Результаты опытов подтверждают опубликованные в литературе данные о зависимости этой нелинейной колебательной системы от частоты, средней величины, амплитуды и температуры.
Вследствие выбранного принципа нагрузки (лривошипным шатунным механизмом) работоспособность измерительной установки была обеспечена только после установки напорной камеры для предварительного нагнетания масла в гидравлическую систему. Это мероприятие также выгодно для независимой от пути нагрузки. Гибкая между датчиком и индикатором снижает точность измерения, так как материал гибкой трубки обладает нелинейной характеристикой упругости, зависящей, кроме того, от температуры и длительности нагрузки. Непосредственное соединение самозаписывющего механизма с датчиком повышает точности измерения, но значительно ограничивает при данном выплнении приспособления область его применения. Далее в статье говорится о влиянии допусков при изготовлении деталей для механической передачи. Измерительная установка пригодна для измерения гармонических колебаний нагрузки частотой до 2 или 15 гц с характерной для данной системы малой точностью, зависящей от способа соединения (при помощи гибкой трубы или непосредственно).

Summary

A hydraulic torque indicator together with spring indicator and mechanical recording instrument was used for experiments which were carried out to determine the suitability of this measuring device for dynamic measurements. The results obtained confirm the theoretical findings, known from the relevant literature, on the dependence of this non-linear oscillation system on frequency, mean value, amplitude, and temperature.
Due to the chosen loading principle (crank assembly), the measuring device became effective only after the fixing of a pressure tank in order to include the hydraulic system. This measure can also be recommended for non-way-dependend loading. A flexible hose between transmitter and indicator impairs the accuracy of measurement, since the hose material has a non-linear spring characteristic which, furthermore, depends on temperature and duration of load. The direct connection of the recording instrument to the transmitter improves the accuracy of measurement. In the present design, however, it restricts the range of application considerably. The influence of tolerances in the production of the mechanical transmissions parts is discussed. The above

measuring device is suitable for the measurement of harmonious load surging up to 2 or 15 Hz, resp., with the low accuracy inherent in this system, depending on the use of either hose connection or direct connection.

Literatur

[1] ADAMS, R.: Zugkraft- und Drehmomentmessungen an Schlepperanhängemaschinen. Arch. Landtechn. 3 (1961/62) Nr. 3, S. 177–225

[2] CYWINSKI, M.: Meßeinrichtungen und Meßgeräte für die Prüfung von Landmaschinen. Techn. Ber. Forsch.-Anst. für Landmaschinen, Chodov bei Prag, 14 (1963) Nr. 1

[3] DRANSFIELD, P., HARRISON, J. V. u. A. H. WILLIS: A mobile force-recording dynamometer for tillage research. J. agric. Engng. Res. 7 (1962) Nr. 3, S. 260 bis 268

[4] MAKAROV, P. M.: Untersuchung der Systeme mit nichtlinearen Elementen in der Ackerbaumechanik. Izvestija TSChA, Mechanisier. u. Elektrifizier. 1962 Nr. 5, S. 145–152

[5] OEHMICHEN, M.: Der mechanische Indikator. Berlin. 1959. VEB Verlag Technik. S. 136–159

[6] POLJAK, A. JA.: Versuche zur Erforschung der energetischen Verhältnisse des Mähdreschers S 4. Arbeiten d. Wiss. Allg. Forsch.-Inst. für Mechanisier. d. Landwirtsch., Moskva (VIM) 19 (1963), S. 12–22

[7] WEIGAND, A.: Einführung in die Berechnung mechanischer Schwingungen. Berlin. 1959. VEB Verlag Technik. S. 57–62

[8] ZSCHAAGE, F.: Die dynamischen Eigenschaften des Schreibwerkes Typ K–4 zur Aufzeichnung von Drücken. Arch. Landtechn. 2 (1960), Nr. 3, S. 204–212

[9] ....: Hydraulischer Drehmomentmesser Typ C–3. Potsdam–Bornim, Prospekt des Inst. für Landtechn. 1959

[10] ....: Hydraulische Drehmomentmeßgeräte (DW–800). Prospekte des Allunionswiss. Forsch.-Inst. für Mechanisier. der Landwirtschaft, Moskva (VIM)

[11] ....: Hydraulisches Zugkraft-Registriergerät. Prospekt des VEB Meßgerätewerk, Magdeburg–Buckau

Arch. f. Landtechnik Bd. 6 · 1967 · H. 1 · S. 21–36 · Berlin

Aus dem Institut für Mechanisierung der Landwirtschaft Potsdam-Bornim der Deutschen Akademie der Landwirtschaftswissenschaften zu Berlin

KLAUS BAGANZ und KLAUS ZIEMS

Untersuchungen zur Beurteilungsmethodik von Kartoffelbeschädigungen

Eingegangen: 18. März 1966

1. Überblick über die Problematik

Eine zuverlässige Beurteilung der Kartoffelbeschädigungen, die in den verschiedenen Mechanisierungsabschnitten beim Kartoffelbau auftreten, hat große Bedeutung beim Einschätzen des ökonomischen Nutzens der Mechanisierungsmittel sowohl hinsichtlich einer unmittelbaren Wertminderung des bearbeiteten Gutes als auch auftretender Lagerungsverluste. Teilweise versuchte man der Forderung nach einer solchen Beurteilung durch eine weitgehende Differenzierung der auftretenden Beschädigungen in 8···12 unterschiedliche „Schwere"-Klassen zu genügen [9; 6]. Der dabei notwendige Aufwand und vor allem die Schwierigkeiten beim Einschätzen der Ergebnisse verschiedener miteinander verglichener Maschinen haben das allgemeine Bestreben zur Vereinfachnug der Beurteilung unterstützt.

Es ist vor allem den Bemühungen der Sektion „Landtechnik" der European Association for Potato Research und den Mitarbeitern am Koordinierungsthema „Kartoffelbau" innerhalb der Landwirtschaftsakademien der sozialistischen Länder zu danken, daß auf landtechnischem Gebiet im wesentlichen einheitlich in ganz Europa das Beurteilen der Kartoffelbeschädigungen in den 4 Klassen „unbeschädigt", „Fleischwunden bis 1,7 mm Tiefe", „Fleischwunden von 1,7···5 mm Tiefe", „Fleischwunden tiefer als 5 mm" vorgenommen wird. Die Diskussionen um diese Vereinheitlichung waren gleichzeitig Anlaß zu einer Reihe methodischer Arbeiten auf diesem Gebiet. Simons umriß die Problematik dieser Arbeiten [7]. Bei Vergleichen verschiedener Teste wurde der „Schältest" als günstigste Variante bewertet [8]. Untersuchungen über den Einfluß der Zeitspanne zwischen Beschädigung und Beurteilung sprachen nicht gegen eine frühzeitige Beurteilung [4]. In einer weiteren Arbeit wurden die Vor- und Nachteile beim Beurteilen von bestimmten Größenfraktionen der Gesamtprobe diskutiert [3].

Anlaß zu der vorliegenden Arbeit war das kritische Auswerten von Messungen an Aufbereitungsmaschinen, die geringe Beschädigungen hervorrufen. Durch einige Versuchsreihen sollte in Anlehnung an die bestehende Methodik überprüft werden, welchen Einfluß Beschädigungsniveau und Vorbehandlungsverfahren für die Proben auf die Aussagekraft der Ergebnisse ausüben.

2. Versuchsdurchführung

Als Versuchsmaterial dienten 3 Monate im Lagerhaus gelagerte Knollen der Sorte Ora. Vor der Beurteilung wurden sie mit Flachsiebsortierern unterschiedlicher Bauart zur Erzeugung der (frischen) Beschädigungen sortiert:

Beschädigungsstufe I (stark)	Sortierer mit robuster Knollenbehandlung
Beschädigungsstufe II (gering)	Sortierer mit schonender Knollenbehandlung

Zum Beurteilen diente die Fraktion 30···60 mm (mittlere Knollenmasse 84 g/Stck). Die Knollen für die einzelnen Versuchsreihen wurden folgenden Vorbehandlungen zwischen Sortieren und Beurteilen ausgesetzt:

Vorbehandlung N (Normal)	kein Vorbehandeln
Vorbehandlung K (Kresoltest)	Eintauchen in eine wässerige Lösung mit 2% Parakresol und 0,5% Natriumhydroxyd zum Rotfärben der beschädigten Knollenpartien [5]

Entsprechend der für Landmaschinenprüfungen in der DDR üblichen Methodik wurden die Proben durch eine Beurteilergruppe von 3 Beurteilern (im folgenden mit Beurteiler A, B und C bezeichnet) untersucht und die Knollen nach 2 Verfahren bewertet:

Verfahren α: Es wird die Anzahl der Beschädigungen aller 3 „Beschädigungs"-Klassen (Fleischwunden >0···1,7 mm Tiefe, Fleischwunden >1,7···5 mm Tiefe, Fleischwunden >5 mm Tiefe) getrennt je Knolle ausgewiesen.

Verfahren β: Die Knolle wird nach der tiefsten an ihr befindlichen Beschädigung klassifiziert und der massemäßige Anteil dieser so entstehenden Beschädigungspartien an der Gesamtknollenmasse der Probe ausgewiesen.

Die Ergebnisse der einzelnen Beurteiler für das Verfahren α wurden getrennt aufgezeichnet. Je Versuchsreihe wurden 20 Stichproben mit je 150 Knollen beurteilt, wobei jeder Beurteiler jeweils 50 Knollen beurteilte.
Neben den 4 Hauptversuchsreihen (I N, I K, II N, II K), bei denen durch Verteilen über die Versuchstage und Beachtung gleicher Tageszeit für die Beurteilung möglichst gleiche äußere Bedingungen geschaffen wurden, ließen wir einige zusätzliche Kontrollreihen beurteilen. Eine „anonym gestreute" Reihe wies eine hinreichende Sicherung gegen „Gewöhnung" bei der Beurteilung aus. In einer weiteren Kontrollreihe wurde die Reihe I N durch eine zweite Beurteilungsgruppe (Beurteiler D, E, F) wiederholt. Diese Kontrollreihe I N' wird, da sie keine wesentlichen Abweichungen zur Hauptreihe I N ergab (Tabelle 1) nur im Abschnitt 3.3 besonders ausgewertet.

3. Auswertung

3.0. Problematik

Bei der Versuchsanstellung wurde die in der Versuchsstelle übliche Beurteilungsmethodik möglichst genau übernommen. Die dabei erzielten Meßwerte ergaben sich als eine Funktion der bewußt beeinflußten Versuchsparameter wie Beschädigungsstufe und Vorbehandlung und weiterer schwer voneinander zu

Tabelle 1
Mittelwerte aus der Beurteilung von jeweils 3000 Knollen bei unterschiedlicher Beschädigungsstufe und Vorbehandlung

Kennzeichnung Beschädigungsstufe Vorbehandlung		I N stark Normal	II N gering Normal	I K stark Kresol	II K gering Kresol	I N' stark Normal (Kontr.)
Unbeschädigt	Masse%	77,3	94,4	39,7	78,9	77,0
	Stck/100 Kn.	78,5	95,1	44,1	81,1	78,6
	$\frac{\text{Stck/100 Kn.}}{\text{Masse\%}}$	1,02	1,01	1,12	1,03	1,02
Fleischwunden $>0\cdots1{,}7$ mm	Masse%	7,9	3,6	42,8	17,4	7,2
	Stck/100 Kn.	9,5	3,5	74,8	19,2	9,5
	$\frac{\text{Stck/100 Kn.}}{\text{Masse\%}}$	1,20	0,97	1,75	1,10	1,32
Fleischwunden $>1{,}7\cdots5$ mm	Masse%	10,6	1,4	14,0	2,9	10,4
	Stck/100 Kn.	10,8	1,4	14,6	2,9	10,3
	$\frac{\text{Stck/100 Kn.}}{\text{Masse\%}}$	1,02	1,00	1,04	1,00	0,99
Fleischwunden >5 mm	Masse%	4,2	0,6	3,5	0,8	5,3
	Stck/100 Kn.	3,7	0,5	3,4	0,6	4,8
	$\frac{\text{Stck/100 Kn.}}{\text{Masse\%}}$	0,88	0,83	0,96	0,75	0,90
Beschädigungswert[1]						
$>0\cdots>5$ mm	Masse%	8,2	1,4	12,0	3,4	9,1
$>1{,}7\cdots>5$ mm	Masse%	7,4	1,0	7,7	1,7	8,4

[1] s. Abschn. 3.1.2.

trennender Einflüsse wie Ungleichmäßigkeit des Probenmaterials (z. B. durch Schwankungen der Beschädigungsintensität der Maschine) und subjektive Einflüsse der Beurteilungsmannschaft.

Wenn im folgenden auch versucht werden soll, diese letzten Einflüsse zu analysieren, so interessieren in erster Linie doch auf Grund der Versuchsfrage die Auswirkungen der bewußt beeinflußten Versuchsparameter auf die absolute Höhe sowie der möglichen Schwankungsbreite des durch eine Beurteilergruppe an einer Probe bestimmter Größe gefundenen Mittelwertes.

3.1. Absolute Höhe des Mittelwertes

3.1.1. Mittelwerte der 4 Beschädigungsklassen

Zur Auswertung werden die Ergebnisse getrennt entsprechend Verfahren β nach Masse-Anteil der nach schwerster vorhandener Beschädigung eingestuften Knollen an der Gesamtknollenmasse (im folgenden mit Masse% bezeichnet) und entsprechend Verfahren α nach Anzahl (Stück) der Beschädigungen einer bestimmten Beschädigungsart je 100 Knollen (im folgenden mit Stck/100 Kn. bezeichnet) ausgewiesen (Tab. 1). Ferner dient das Verhältnis dieser beiden Bewertungsverfahren zueinander zur Deutung der Ergebnisse.

In der Gruppe der schwersten Beschädungen (Fleischwunden >5 mm) ergeben sich in beiden Beschädigungsstufen (stark und gering) keine wesentlichen Unterschiede zwischen den Vorbehandlungen unabhängig von den Bewertungsverfahren (Masse% oder Stck/100 Kn.). Das Verhältnis beider Bewertungsverfahren (<1) deutet darauf hin, daß vor allem die Knollen mit größerer Masse diese Beschädigungsklasse aufweisen.

Dagegen wird bei den mittleren Beschädigungen (Fleischwunden >1,7···5 mm) bereits der Einfluß der Vorbehandlung sichtbar. Beim Kresol-Test wird bei beiden Bewertungsverfahren eine größere Anzahl mittlerer Beschädigungen als beim Normal-Test ermittelt. Die Anzahl der je Knolle festgestellten Beschädigungen wird bei dieser Beschädigungsklasse von der Vorbehandlung nicht beeinflußt.

Die leichten Beschädigungen (Fleischwunden >0···1,7 mm) sind durch den Kresol-Test wesentlich besser zu erkennen als bei der Normal-Beurteilung. Es wurde beim Kresol-Test in beiden Beschädigungsstufen etwa 5mal mehr leichte Beschädigungen bei massemäßiger Bewertung (Masse%) und noch mehr bei stückmäßiger Bewertung (Stck/100 Kn.) festgestellt. Das Verhältnis der beiden Bewertungsverfahren (>1) bei dieser Beschädigungsklasse weist auf das gleichzeitige Auftreten dieser Klasse mit anderen schwereren hin. Ferner werden durch den Kresol-Test — wie es besonders die stärkere Beschädigungsstufe zeigt — mehrere Beschädigungen je Knolle besser angesprochen.

In der Klasse der unbeschädigten Knollen können methodisch bedingt keine wesentlichen Unterschiede zwischen beiden Beurteilungsarten auftreten; die vorhandenen Unterschiede deuten auf eine gegenüber dem Probendurchschnitt geringere Knollenmasse der unbeschädigten Knollen. Im übrigen sind die Unterschiede zwischen den einzelnen Reihen durch die bereits diskutierten Unterschiede in den einzelnen Beschädigungsklassen bedingt.

3.1.2. Der Beschädigungswert

Um für Beurteilungszwecke die einzelnen Beschädigungsklassen in einem Wert zusammenfassen zu können, benutzen wir seit einiger Zeit den sogenannten „Beschädigungswert". Hierzu werden die massenmäßigen Anteile der einzelnen Beschädigungsklassen mit einem Wertungsfaktor multipliziert und addiert. Der Wertungsfaktor für die Fleischwunden >0···1,7 mm Tiefe beträgt 0,1; der für die Fleischwunden >1,7···5 mm Tiefe 0,3 und der für Fleischwunden >5 mm Tiefe 1,0. Die Größe der Wertungsfaktoren wurde aus Untersuchungen über Verluste durch Beschädigungen abgeleitet [1; 2] und soll annähernd dem Schälverlust bei Speisekartoffeln entsprechen, so daß der Beschädigungswert ein Maßstab für den entstehenden (auch finanziellen) Verlust darstellen könnte.

In Übereinstimmung mit der größeren Erkennbarkeit der leichten Beschädigungen beim Kresol-Test unterscheiden sich die Beschädigungswerte für beide Vorbehandlungen erheblich, wenn die volle Beurteilungsbreite (Fleischwunden >0···>5 mm Tiefe) zugrunde gelegt wird. Schränkt man die Beurteilungsbreite jedoch ein (Fleischwunden >1,7···>5 mm Tiefe, d. h. „Fleischwunden bis 1,7 mm Tiefe“ gelten als „unbeschädigt“), so unterscheidet sich — besonders bei der starken Beschädigungsstufe — der Beschädigungswert bei beiden Vorbehandlungen nur wenig.

3.2. Streuung des Mittelwertes

i	Kennzeichnung der zeitlichen Reihenfolge
n, n_r	Stichprobenzahl
s_{x_i}	Standardabweichung des Beurteilungsergebnisses der Beurteilergruppe
s_{x_j}	Standardabweichung des Beurteilungsergebnisses eines Beurteilers
x_i	Beurteilungsergebnis der Beurteilergruppe für 1 Stichprobe
x_j	Beurteilungsergebnis eines Beurteilers
$\bar{x}$	Arithmetischer Mittelwert des Beurteilungsergebnisses für eine Versuchsreihe
z, z'	Knollenzahl je Stichprobe
μ	Durchschnitt der Normalverteilung
σ	Standardabweichung der Normalverteilung

Die Streuung eines Proben-Mittelwertes, dargestellt durch die Standardabweichung

$$s_{x_i} = \left\{\frac{1}{z-1}\left[\Sigma\, x_i^2 - 1/n\, (\Sigma\, x_i)^2\right]\right\}^{1/2},$$

wird stark von der Knollenzahl z in der Einzelprobe abhängen. Im folgenden werden die Standardabweichungen des bereits angeführten Beschädigungswertes bei den einzelnen Versuchsreihen diskutiert. Untersuchungen über einen Einfluß der zeitlichen Reihenfolge der Beurteilung (Abb. 1) ergaben für diesen Beurteilungswert in den 4 Versuchsreihen bei den zwanzig 150-Knollen-Einzelproben keine signifikanten Tendenzen. (Im folgenden wird der Beschädigungswert als Einzelwert eines Probenmittels mit x_i, als arithmetischer Mittelwert aller Proben einer Reihe (Versuchsmittel) mit $\bar{x}$ gekennzeichnet; der auf das Versuchsmittel bezogene Beschädigungswert mit $x_i/\bar{x}$.) Die Werte einer Versuchsreihe entsprechen annähernd einer Normalverteilung. (Für die Gesamtprobe mit $z = 3000$ beurteilten Knollen wurde im folgenden jeweils unterstellt, daß $\bar{x} \approx \mu$.)

Nachdem die Voruntersuchungen auswiesen, daß die Einzelstichproben zufällig verteilt sind, wurden auf Grund der Meßreihe mit $z = 150$ Knollen je Einzelprobe durch Vereinigung benachbarter Proben entsprechend den gegebenen Kombinationsmöglichkeiten weitere Meßreihen mit $z = 300$, 450, 750, 900, 1200 und 1500 beurteilten Knollen in den jeweils 20 „Proben“ gebildet. In dieser Weise wurden mit den Meßwerten für den Beschädigungswert bei den Beurteilungsbreiten $>0 \cdots >5$ mm und $>1{,}7 \cdots >5$ mm Kombinationsreihen aufgestellt und die Standardabweichungen berechnet.

Bei der starken Beschädigungsstufe und voller Beurteilungsbreite von $>0 \cdots >5$ mm Tiefe ergibt eine Beurteilung nach dem Kresol-Test geringere relative Standardabweichungen als die Normalbeurteilung (Abb. 2a). Die relative Standardabweichung liegt im Bereich der jetzt üblichen Probengrößen

$z = 300$ Knollen um $s_{x_i}/\bar{x} = 15\%$ beim Kresol-Test und $s_{x_i}/\bar{x} = 20\%$ bei Normalbeurteilung. Auch bei geringeren Beschädigungen an den Knollen weist der Kresol-Test bei kleinen Proben geringere relative Standardabweichungen auf (Abb. 2b). Die absolute Höhe der relativen Standardabweichung ist aber in dem üblichen Probengrößenbereich etwa doppelt so groß wie bei der stärkeren Beschädigungsstufe.

Schränkt man die Beurteilungsbreite ein ($>1{,}7 \cdots >5$ mm Tiefe), so wird bei der Normalbeurteilung die relative Standardabweichung gegenüber der vollen Beurteilungsbreite wenig beeinflußt (Abb. 2c). Beim Kresol-Test vergrößerten sich die relativen Standardabweichungen bei beiden Beschädigungsstufen mit eingeschränkter Beurteilungsbreite.

Aus den dargestellten Größen der Standardabweichung des Beschädigungswertes lassen sich Schlußfolgerungen auf die erforderlichen Probengrößen und Wiederholungen ableiten, um eine bestimmte Differenz zwischen den Stichprobenmitteln zweier Kollektive als signifikant auszuweisen. Als Beispiel seien für

Reihe IN

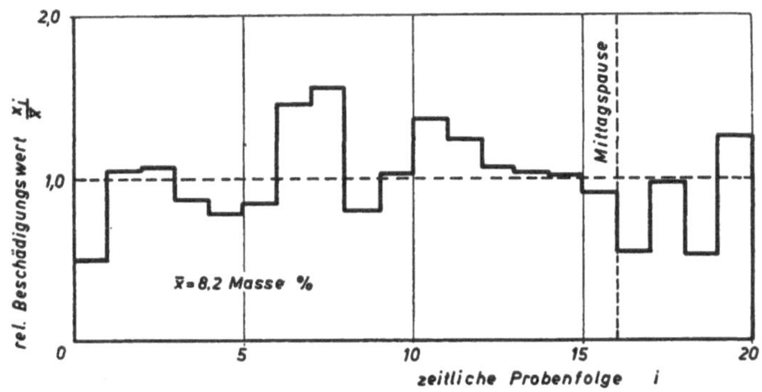

Abb. 1a: Beschädigungsstufe: stark; Vorbehandlung: normal

Reihe IK

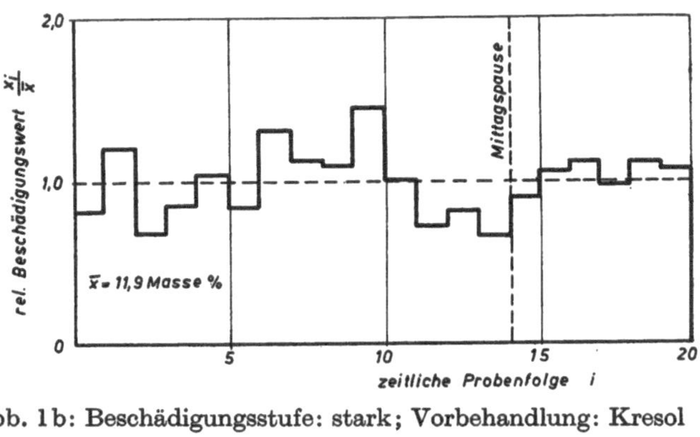

Abb. 1b: Beschädigungsstufe: stark; Vorbehandlung: Kresol

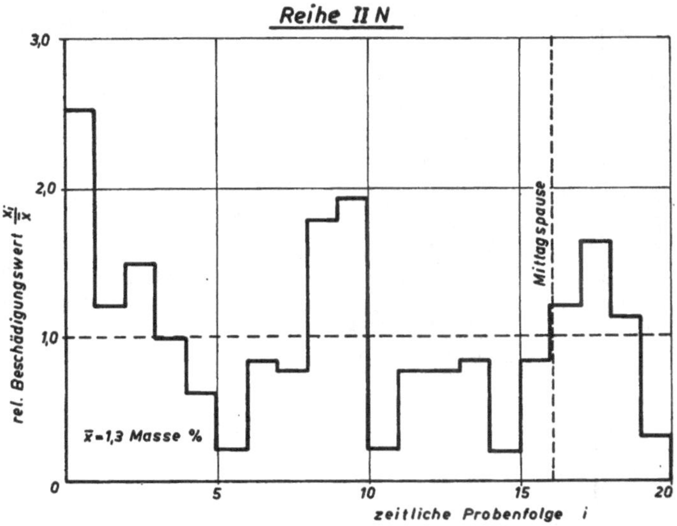

Abb. 1c: Beschädigungsstufe: gering; Vorbehandlung: normal

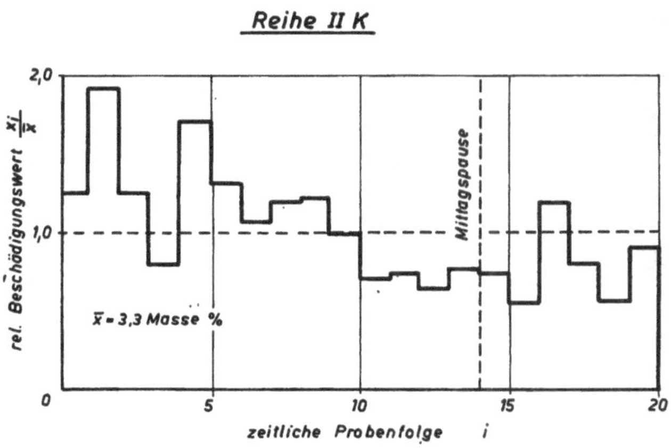

Abb. 1d: Beschädigungsstufe: gering; Vorbehandlung: Kresol

Abb. 1: Zeitliche Reihenfolge der Beurteilungsergebnisse in den Hauptversuchsreihen, dargestellt als auf das Kollektivmittel bezogene Beschädigungswerte der Einzelproben. Beurteilungsbreite: $>0 \cdots >5$ mm Wundentiefe

die starke Beschädigungsstufe und bei voller Beurteilungsbreite ($>0 \cdots >5$ mm) die Beziehungen zwischen der Knollenzahl je Stichprobenwiederholung z' (bei $n_z = 3$ Stichprobenwiederholungen je Kollektiv) und der dabei mit 90% und 95% Wahrscheinlichkeit bei einseitiger Fragestellung noch als signifikant zu erwartende, relative Differenz der Stichprobenmittelwerte dargestellt (Abb. 3)[1].

[1] Für die Berechnung wurde unterstellt, daß $s'_{x_i} = s''_{x_i} = \sigma$

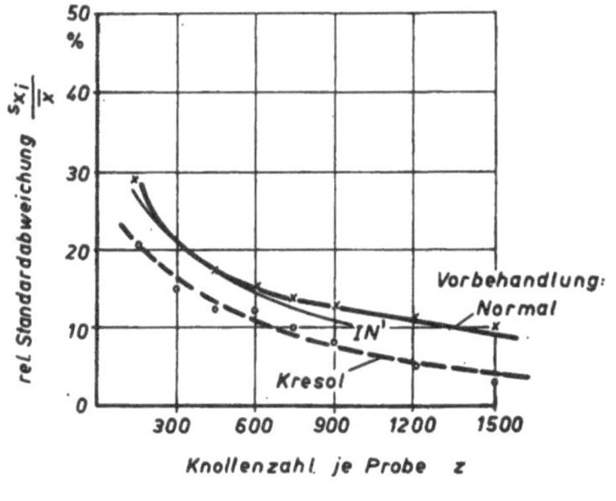

Abb. 2a: Beschädigungsstufe: stark; Beurteilungsbreite: >0···>5 mm Wundentiefe

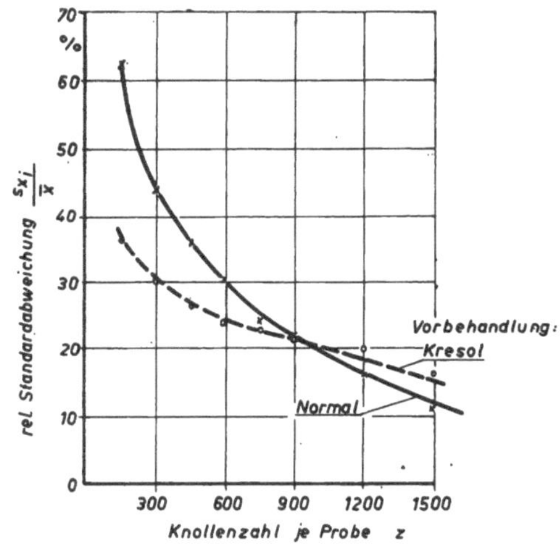

Abb. 2b: Beschädigungsstufe: gering; Beurteilungsbreite wie in Abb. 2a

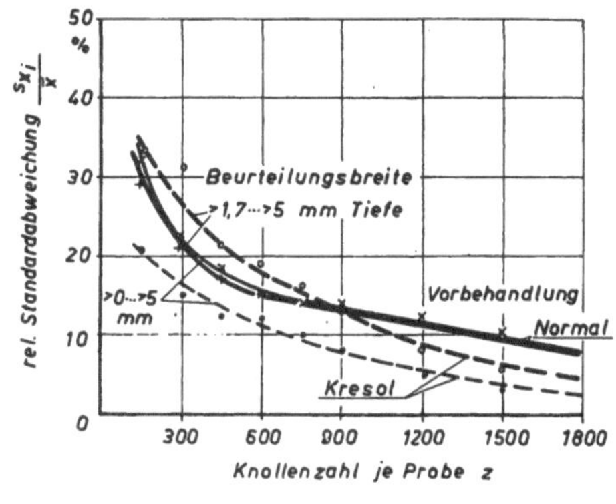

Abb. 2c: Beschädigungsstufe: stark; unterschiedliche Beurteilungsbreite

Abb. 2: Relative Standardabweichung der Einzelproben in Abhängigkeit von der Knollenzahl je Probe bei verschiedenen Vorbehandlungen

Hiernach müßten unter den Bedingungen dieser Untersuchungen bei Anwendung des Kresol-Testes aus beiden Kollektiven mindestens je 3 Stichproben mit jeweils $z' = 300$ Knollen gezogen werden, um mit 90% Wahrscheinlichkeit den Mittelwert des Beschädigungswertes eines Kollektivs als um 20 Prozent unterschiedlich (größer oder kleiner) gegenüber dem entsprechenden Wert eines anderen Kollektivs auszuweisen. Beim Normaltest wären etwa $z' = 600$ Knollen für jede der 3 Stichproben erforderlich gewesen, um eine Signifikanz unter gleichen Bedingungen zu erwarten.
Bei geringer Beschädigungsstufe dürften nach den Ergebnissen der Versuche nur etwa doppelt so große relative Differenzen zwischen zwei Kollektiven als bei der stärkeren Beschädigungsstufe bei gleicher Probengröße und Wahrscheinlichkeit als signifikant auftreten. Bei eingeschränkter Beurteilungsbreite entsprechen beim Normaltest die Werte gleichlaufend mit der Standardabweichung denen bei voller Beurteilungsbreite.

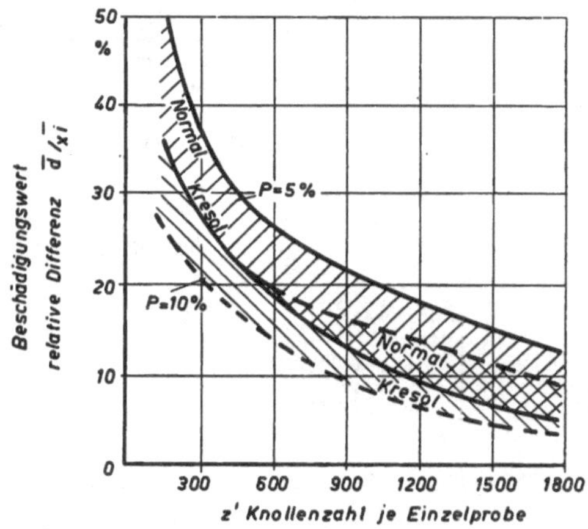

Abb. 3: Voraussichtlich mit 100-P% Wahrscheinlichkeit zu sichernde relative Differenz $\bar{d}/\bar{x}_i$ des Beschädigungswertes von Stichprobenmitteln zweier ähnlicher Kollektive in Abhängigkeit von Einzelprobengröße und Vorbehandlung.
Anzahl der Einzelproben $n_z = 3$
Beschädigungsstufe: stark
Beurteilungsbreite: >0···>5 mm Wundentiefe

3.3. Zusätzliche Einflüsse

Wie bereits angeführt, ist bei der gewählten Versuchsanstellung eine detaillierte Analyse der zusätzlich auf die Beurteilung wirkenden Einflüsse durch die zu untersuchende Maschine und die Beurteilungsmannschaft schwierig. Im folgenden soll durch die nähere Untersuchung der Beurteilungsergebnisse aller Einzelbeurteiler eine erste Abschätzung dieser Einflüsse versucht werden.
Die Zusammenstellung der anzahlmäßigen Beschädigungsanteile (Stck/100 Kn.) und das daraus durch Umrechnung mit dem Verhältnis „Stck/100 Kn. : Masse%" ermittelten massenmäßigen Beschädigungswertes (Masse%) als Mittelwert jeder Hauptversuchsreihe zeigt z. T. erhebliche Unterschiede in den Beurteilungsergebnissen der Beurteiler A, B und C, die gemeinsam jede dieser Reihen beurteilen (Abb. 4). So wurden vom Beurteiler C im allgemeinen weniger Beschädigungen erkannt als von den Beurteilern A und B (Tabelle 2). Ferner dürfte aus dem Kollektivmittel annähernd entsprechenden „leichten" Beschädigungen

bei geringeren Anteilen in den anderen Gruppen der Schluß gezogen werden, daß dieser Beurteiler gegenüber den anderen außerdem die Beschädigungen „zu leicht“ einstufte (vermutlich zu große Schältiefe). Beim Kresol-Test können leicht unterschiedliche Auffassungen hinsichtlich „Beschädigung oder nicht“ auftreten, da sowohl Beschädigungen als auch Fäulnisstellen rot angefärbt

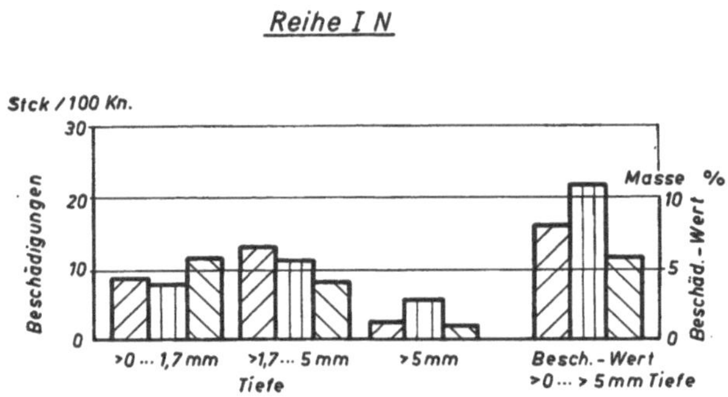

Abb. 4a: Beschädigungsstufe: stark; Vorbehandlung: Kresol

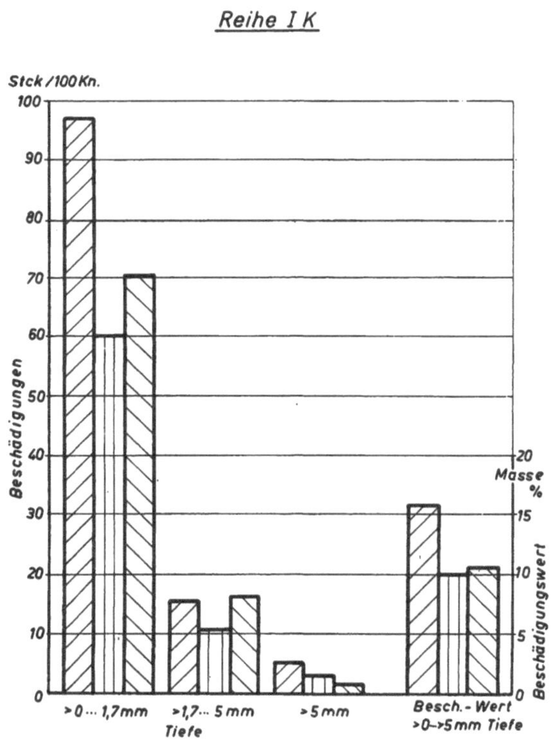

Abb. 4b: Beschädigungsstufe: stark, Vorbehandlung: normal

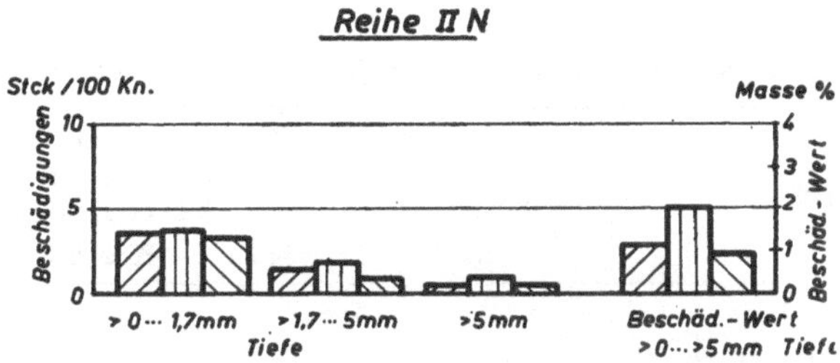

Abb. 4c: Beschädigungsstufe: gering; Vorbehandlung: Kresol

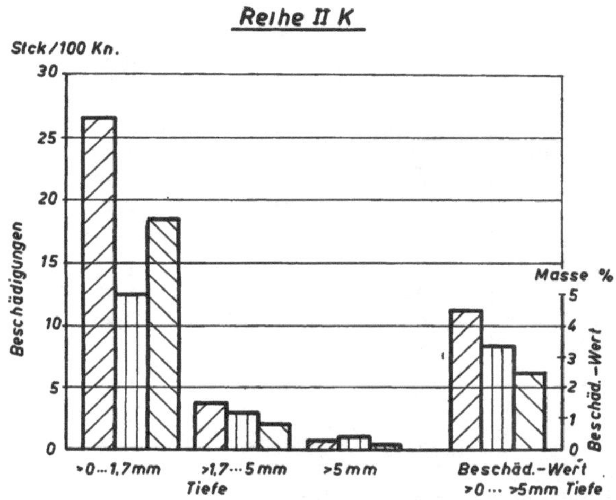

Abb. 4d: Beschädigungsstufe: gering; Vorbehandlung: normal

Abb. 4: Mittelwerte der Beurteilungsergebnisse der Einzelbeurteiler A, B und C für die Hauptversuchsreihen.

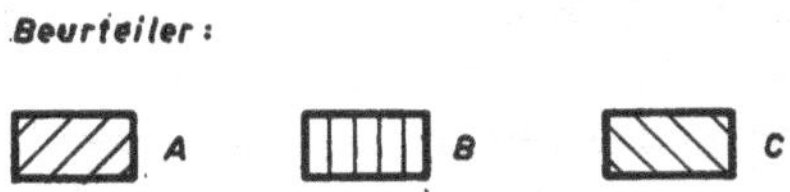

auftreten. Ein Vergleich der Beurteiler A und B hinsichtlich ihrer Beurteilungsergebnisse bei beiden Vorbehandlungen weist auf diese Fehlerquelle hin (Tabelle 2).

Die bisher diskutierten Abweichungen der Mittelwerte einzelner Beurteiler haben zwar Einfluß auf die absolute Höhe des Gesamtergebnisses der Beurteilergruppe, aber nur geringen Einfluß auf die Verhältniswerte und auf die notwendige Probengröße, da aus anderen Gründen (unterschiedliche Beschädigungsempfindlichkeit der Knollen u. a.) gewöhnlich nur Relationen zwischen gleichzeitig gezogenen und beurteilten Stichproben aus verschiedenen Kollektiven ermittelt werden.

Tabelle 2
Relativergebnisse der Einzelbeurteiler bei verschiedenen Vorbehandlungen

Kennwert		Beurteiler	Relativwerte bezogen auf Kollektivmittel Vorbehandlung		
			Normal	Kresol	Gesamt
Fleischwunden >0···1,7 mm	Stck/100 Kn.	A	0,98	1,32	1,15
		B	0,94	0,73	0,83
		C	1,08	0,95	1,02
Fleischwunden >1,7···5 mm	Stck/100 Kn.	A	1,11	1,19	1,15
		B	1,16	0,88	1,02
		C	0,73	0,93	0,83
Fleischwunden >5 mm	Stck/100 Kn.	A	0,69	1,39	1,04
		B	1,70	1,30	1,50
		C	0,61	0,31	0,46
Gesamtbeschädigungen	Stck/100 Kn.	A	1,01	1,32	1,16
		B	1,12	0,78	0,95
		C	0,87	0,90	0,89
Beschädigungswert >0···>5 mm	Masse%	A	0,90	1,30	1,10
		B	1,38	0,90	1,14
		C	0,72	0,80	0,76

Die relative Standardabweichung der Einzelproben eines Beurteilers ist jedoch ein Maßstab für die in dem Gesamtergebnis der Beurteilergruppe auftretenden Streuungen (Standardabweichung der Kollektivprobe). Der Vergleich der Beschädigungswerte aus der Versuchsreihe I N (Beschädigungsstufe: stark; Vorbehandlung: normal) mit den Beurteilern A, B und C und der unter ähnlichen Bedingungen durchgeführten Kontrollreihe mit den Beurteilern D, E und F zeigt, daß auch die relativen Standardabweichungen aus den jeweils zwanzig 50-Stück-Proben starken Schwankungen ausgesetzt sind (Tabelle 3). Eine gewisse „Beurteilungspraxis" dürfte hier geringeren Einfluß als bestimmte individuelle Eigenarten haben. Bei der Einschätzung der Ergebnisse muß auch berücksichtigt werden, daß sich die absolute Höhe der Gesamtbeurteilung ebenfalls auf die Standardabweichung auswirkt. Mit einer sorgfältig ausgewählten Beurteilungsmannschaft müßte es möglich sein, die Standardabweichungen der Kollektivprobe auf mindestens 2/3 der in den Versuchsreihen erzielten Werte zu senken. Damit würde sich die unter 3.2 aufgeführten Beispiele bei gleicher Wahrscheinlichkeit und gleicher Differenz der Stichprobenmittel die notwendige Probengröße (Knollenzahl je Probe) um die Hälfte verringern oder sich bei gleicher Knollenzahl die Signifikanz nennenswert erhöhen.

Tabelle 3

Mittelwerte und Standardabweichung der Einzelbeurteilungen des Beschädigungswertes

Versuchsreihen: $I\ N$ und $I\ N'$ (Kontrolle)
Beschädigungsstufe: stark
Vorbehandlung: normal
Beurteilungsbreite: >0···>5 mm

Beurteiler	Beurteilungspraxis mehrjährig	Beurteilungspraxis einjährig	Relativer Beurteiler Mittelwert $x_j/\bar{x}$ Kollektivmittel $\bar{x} = 1,0$	Relative Standardabweichung der Einzelbeurteilung $s_{x_j}/\bar{x}_i$
A	×		0,98	± 43,0%
B		×	1,30	± 32,5%
C	×		0,72	± 61,7%
D		×	0,94	± 44,4%
E		×	1,14	± 45,7%
F	×		0,93	± 23,6%

Die starken Unterschiede in den Standardabweichungen der Einzelproben bei den einzelnen Beurteilern lassen den Schluß zu, daß die auftretenden Streuungen des Kollektivmittelwertes zum größeren Teil auf subjektive Ursachen (Beurteiler-bedingt) zurückzuführen sind und nur zum geringeren Teil objektive Ursachen (Maschinen-bedingt) aufweisen.

4. Folgerungen

Die Untersuchungen machen es deutlich, daß an die Auswahl von Beurteilergruppen hohe Anforderungen gestellt werden müssen, besonders wenn geringe Differenzen zwischen den Mittelwerten der Stichproben aus den zu beurteilenden Kollektiven erwartet werden oder das absolute Beschädigungsniveau gering ist. Die Knollenzahl je Stichprobe muß mit dem Beschädigungsniveau und den gestellten Signifikanzforderungen variiert werden. Es muß eine hinreichende Anzahl paralleler Stichproben (Wiederholungen) getrennt gezogen und beurteilt werden, um die Signifikanz von Differenzen unterschiedlicher Stichprobenmittel bestimmen zu können.

Abweichend von gegenwärtig bestehenden methodischen Festlegungen sollten zur Beurteilung eines bestimmten Knollenkollektivs mindestens 3 Stichproben je 300 Knollen benutzt werden. Für viele Fälle werden Stichprobenzahl und Knollenzahl noch zu vergrößern sein. Der Kresol-Test kann besonders bei höherem Beschädigungsniveau zur Verbesserung der Aussagekraft beitragen. Um den Einfluß von Einzelwerten zu vermindern, ist die Ausscheidung zu kleiner und besonders zu großer Knollen empfehlenswert. Für die z. Z. in der DDR gültigen Standards dürfte der Größenbereich von 30···60 mm Quadratmaß für die Beurteilung am sinnvollsten sein. Um durch die vermehrte Stichprobenzahl den Auswerteaufwand nicht zu sehr zu erhöhen, dürfte für die meisten Prüfungsmessungen eine Gruppierung nach der schwersten Beschädi-

gung je Knolle und eine Beschränkung auf massemäßige Auswertung (Verfahren β) vertretbar sein. Die Beurteilungsbreite könnte dabei nach der jeweiligen Aufgabe gewählt werden.
Allein die notwendige mengenmäßige Probengröße, die je zu beurteilender Variante (Kollektiv) mindestens 100 kg betragen dürfte, zeigt, daß besonders für detaillierte Untersuchungen das gegenwärtige Verfahren zur Beurteilung der Qualitätsminderungen der Kartoffeln durch maschinelle Einrichtungen nicht befriedigen kann. Es sollten daher Untersuchungen angestellt werden, diese mit zahlreichen subjektiven Fehlermöglichkeiten behaftete Methode durch objektivere Meßverfahren zu ersetzen.
Einen Lösungsweg sehen wir in der Messung der Beschleunigungen, denen eine Kartoffel beim Durchlauf durch Mechanisierungsmittel ausgesetzt ist, und ihre Auswertungen unter Berücksichtigung der Gestaltung der jeweiligen Berührungsmaterialien. Unsere Versuche mit einem hierzu entwickelten 3achsigen Beschleunigungsmesser, der „elektrischen Kartoffel“ (Abb. 5), mußten wegen Schwierigkeiten beim Übertragen der Meßwerte durch Kabel in modernen Erntemaschinen abgebrochen werden.

a

b

Abb. 5a u. b: „Elektrische Kartoffel“ (Außendurchmesser: 55 mm) mit 3 Beschleunigungsgebern vom Typ BG 35/60 (Institut für Mechanisierung Potsdam-Bornim)

Durch drahtlose Übertragung der Meßwerte oder durch Verwendung Maximalwerte registrierender mechanischer Beschleunigungsmesser (bei stufenweiser Durchmessung der Maschinen) ließen sich diese Schwierigkeiten jedoch vermutlich überwinden.
Bei Vertiefung der bestehenden Kenntnisse über technische Materialeigenschaften der Kartoffelknolle dürften in vielen Fällen die direkten Beschädigungsmessungen auch durch eine Analyse der Bewegungs- und Kräfteverhältnisse an Übergangs- und Berührungsstellen in den Maschinen ersetzt werden können.

5. Zusammenfassung

Vergleichende Untersuchungen nach einer bestehenden Methodik zur Beurteilung von Kartoffelbeschädigungen weisen auf den Einfluß von Vorbehandlungsverfahren, Höhe des Beschädigungsniveaus und individueller Faktoren auf die Größe und die Streuung des Beurteilungsergebnisses und damit auf den notwendigen Stichprobenumfang hin. Neben einer Veränderung der bestehenden Beurteilungsmethodik für Kartoffelbeschädigungen sollte die Entwicklung objektiver Meßverfahren für die Qualitätsminderung von Kartoffeln durch Mechanisierungsmittel angestrebt werden.

Резюме

Сравнительные испытания, проведенные по стандартному методу, для оценки повреждений клубней, определили влияние метода предварительной обработки, уровня повержданий и индивидуальных факторов на величину и дисперсию результатов оценки. Тем самым было установлено количество необходимых выборочных проб.
Кроме изменения существующего метода оценки повреждений клубней была поставлена задача разработки объективных методов измерений снижения качества клубней при их механизированной обработке.

Summary

Comparing investigations carried out according to an existing method for the valuation of potatoe damage indicate the influence of pre-treatment methods, level of damage, and individual factors on size and deviation of the valuation result and thus on the range of spot checks required. The investigations should aim at an alteration of the existing method for the valuation of potatoe damage as well as at the development of objective procedures for measuring quality reduction of potatoes due to mechanization.

Literatur

[1] Hesen, J. C.: Mechanical damage to potatoes II. Europ. Pot. J. 3 (1960) Nr. 3
[2] Hesen, J. C. u. E. Kroesbergen: Mechanical damage to potatoes I. Europ. Pot. J. 3 (1960), Nr. 1

[3] Lööw, H.: Beurteilung von Beschädigungen an Kartoffelknollen. Kann man nur eine Größenfraktion beurteilen und dadurch die Beurteilung vereinfachen ? Europ. Pot. J. 3 (1960), Nr. 4

[4] PHILLIPSON, A. u. B. C. LAWRENCE: Comparison of potato damage assessments made at different time intervals after harvesting. J. agric. Engng. Rs. 8 (1963), Nr. 1, S. 31–34

[5] ROBERTSON, I. M.: The use of para-cresol for the detection of damage in the potato tuber. J. agric. Engng. Res. 6 (1961), Nr. 3, S. 220

[6] SAFRASBEKJAN, O. A.: Einige Versuchsergebnisse mit neuen Kartoffelernte-maschinentypen. Sel'chozmasiny, Moskva 1954, Nr. 7, S. 10–15

[7] SIMONS, D.: Entstehung und Beurteilung von mechanischen Beschädigungen an Kartoffelknollen durch Erntemaschinen. Europ. Pot. J. 1 (1958), S. 41–47

[8] SPECHT, A.: Über die Feststellung von Knollenbeschädigungen bei Roderprüfungen. Landtechn. Forsch. 10 (1960), S. 161–162

[9] VOTOUPAL, B.: K otazce hodnoceni mechanickeho poskozeni hliz brambor. Sbornik CSAZV, zemedelska technika (1960), S. 341–352

Arch. Landtechnik · Bd. 6 · 1967 · H. 1 · S. 37—46 · Berlin

Aus dem Landmaschinen-Institut der Martin-Luther-Universität Halle-Wittenberg

KARL FRITZSCH

Kalibrierung von *Beta*-Rübensaatgut für die Einzelkornsaat

Eingegangen: 14. April 1966

1. Vorbemerkungen

Im Frühjahr 1963 ist in einer kleinen Zahl sozialistischer Landwirtschaftsbetriebe der DDR mit der Einführung der Einzelkornsaat begonnen worden. Schon im folgenden Jahr erreichte der nach diesem Verfahren bestellte Flächenanteil die 25%-Grenze, und 1965 sind 58% der Zuckerrübenanbaufläche in Einzelkornsaat bestellt worden.
Zu Beginn der technischen und agrotechnischen Untersuchungen zur Einzelkornsaat stand lediglich polykarpes Saatgut in der Ausgangsform und den technisch bearbeiteten Varianten zur Verfügung. Die Aussichten auf einen Erfolg der züchterischen Bemühungen um die Erzeugung monokarper Zuchtsorten im Inland waren zu jener Zeit kaum abzusehen. Im Interesse des Fortganges der Entwicklungsarbeiten an der Einzelkornsämaschine und der raschen Einführung der Einzelkornsaat, gestützt auch auf den Nachweis der Brauchbarkeit polykarpen Saatgutes in der Einführungsphase, wurde dieses als einstweilige Grundlage herangezogen. Inzwischen haben jedoch die Züchter mit der amtlichen Zulassung eines monokarpen und eines monodikarpen Stammes (Sorten „Mona" und „Dimona") die erste Entwicklungsstufe ebenfalls erreichen können. Einer allgemeinen Einführung des monokarpen Saatgutes stehen gegenwärtig noch die Schoßneigung und ein geringes Leistungsmanko entgegen, so daß die polykarpen Saatgutformen vorläufig noch dominieren. Seitens der Züchter wird jedoch ab 1970 mit einer Änderung dieser Situation und mit der allgemeinen Einführung des Monokarp gerechnet.

2. Die technische Aufbereitung des Beta-Rübensaatgutes

Die technische Aufbereitung des Saatgutes von Beta-Rüben umfaßt alle Arbeitsprozesse, die im Aufbreitungsbetrieb von der Annahme der Rohware bis zur Abgabe der Handelsware erforderlich sind. Dabei stand bis in die letzten Jahre neben den Förder-, Dosier- und Mischvorgängen die Reinigung der Rohware im Vordergrund. Mit der Einführung des Segmentierens durch KNOLLE im Jahre 1939 [1; 8 u. 9] erweiterte sich der Aufgabenbereich der Saatgutaufbereitung um einen mechanischen Bearbeitungsprozeß, der die Zerkleinerung des Knäuelsaatgutes im Sinne einer Minderung der Mehrfrüchtigkeit bewirkt. In der Folgezeit traten zur Segmentierung vor allem Verfahren der span.

gebenden Feinbearbeitung des Gekörns (Polieren, Schleifen) oder der Umformung durch Stoffanlagerung (Pillieren) hinzu. Die Anfänge zu diesen Verfahren lagen Jahrzehnte zurück und ihre Beweggründe sind nicht in der Minderung der Mehrfrüchtigkeit und nicht in der Verbesserung der physikalischen Gleichmäßigkeit des Gekörns, sondern vielmehr in der Verhütung phytopathologischer Erscheinungen und in der Förderung des Pflanzenwachstums zu sehen. Ihre spätere Einführung aber entsprach dem Bedürfnis, die technologische Eignung des Saatgutes, die Eignung für den Vorgang der Aussaat zu verbessern. Es wurde jedoch sehr bald deutlich, daß einerseits die herkömmliche Drilltechnik dem Nutzeffekt diser mechanisch bearbeiteten Saatgutformen enge Grenzen setzt und daß andererseits die Einzelkornsaat höhere Ansprüche an das Saatgut stellt, als sie durch die genannten Aufbereitungsverfahren erfüllt werden [3; 4; 5 und 6]. So ergab sich aus der Umstellung der Aussaattechnik von der Universaldrillsaat auf die Einzelkornsaat mit der Größensortierung (Kalibrierung) des Saatgutes eine weitere Aufgabe der technischen Aufbereitung.

Die Situation in der Saatgutaufbereitung ist aber noch durch einen anderen Umstand zu kennzeichnen, nämlich durch den bereits eingeleiteten Übergang von der herkömmlichen Saatgut-Zuchtform „Polykarp“ zum neugezüchteten „Monokarp“. Dadurch verlagert sich der Schwerpunkt der mechanischen Bearbeitung von der in der Übergangszeit verstärkt anzuwendenden Segmentierung in zunehmendem Maße zu den Prozessen der Gestaltänderung des Gekörns durch Oberflächen-Feinbearbeitung, wie Polieren und Schleifen oder Stoffanlagerung, also Pillieren. Mit dem Auslaufen des polykarpen *Beta*-Saatgutes in Vermehrung und Anwendung läuft auch das Verfahren der Segmentierung aus. Es bleibt höchstens noch ein geringer Bedarf für das Segmentieren der polykarpen Anteile aus Hybridsaatgut, die sich ohnedies nicht in die Standard-Kaliber einordnen lassen. Hauptanliegen der technischen Aufbereitung von *Beta*-Saatgut ist aber nach wie vor die Kalibrierung, die siebtechnische Bemessung geeigneter Korngrößenklassen.

3. Kaliber-Merkmale und Auswahlgesichtspunkte

Das Kaliber ist ein Ausdruck für die physikalische Gleichmäßigkeit einer Körnung und wichtigster technischer Anspruch der Einzelkornsaat an das Saatgut. Es ist eine Korngrößenklasse, deren Grenzen durch siebtechnisch bemessene Größt- und Kleinstmaße in einer oder in zwei Hauptabmessungen der Körner bestimmt sind. Je enger die Kaliberspanne, desto gleichmäßiger sind die Körnung und die Bedingungen für die Einzelkornablage. Die Körnungen unserer z. Zt. verwendeten Saatgutformen streuen über einen Rundloch-Größenbereich von etwa 2 ··· 8 mm. Eine Unterteilung in mehrere Kornklassen ist unumgänglich, zumal der experimentelle Nachweis für eine Beeinträchtigung der Säarbeit bei Verwendung von mehr als 1 mm breiten Kalibern vorliegt. Siebtechnisch lassen sich bei Rübensaatgut mit ausreichender Sicherheit noch Klassen von 0,25 mm Breite trennen.

Zu den Auswahlgesichtspunkten für ein Kaliber gehört neben seiner Breite auch seine Lage im Körnungsfeld des Ausgangssaatgutes. Während die Bestimmung der Kaliberbreite nur physikalischen Gründen folgt, kann bei der Bestimmung der Lage nicht auf die Beachtung auch biologischer Richtwerte verzichtet werden, denn mit ihr wird der erzeugte Saatguttyp fixiert. Es wird hier deutlich, daß die für ein Kaliber in Aussicht genommenen Körnungskomponenten in den wesentlichsten Merkmalen bekannt sein müssen, bevor über ihre Eingliederung entschieden wird.

3.1. Siebanalysen, sowie physikalische und biologische Untersuchung der Körnungskomponenten

Aus den Ergebnissen eingehender Analysen der verschiedenen im Handel befindlichen Saatgutformen [7] wird nachstehend ein Beispiel anhand von zwei Diagrammen demonstriert:

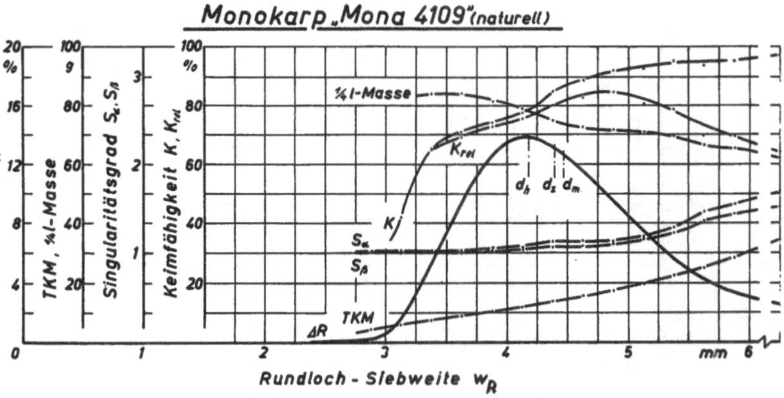

Abb. 1: Diagramm physikalischer und biologischer Kennwerte der Rundloch-Siebklassen von naturellem Monokarp „Mona 4109"

Die Kennlinien physikalischer und biologischer Merkmale der Rundloch-Siebklassen von naturellem Monokarp des Kleinwanzlebener Stammes „Mona 4109" (Abb. 1) zeigen, daß die Häufigkeitsverteilung der Körnung nur gering linksseitig asymmetrisch ist und ihr Maximum d_h bei 4,18 mm Korngröße hat. Der Median d_z liegt bei etwa 4,4 mm. Von den Masseanteilen sind etwa 2,5% >6 mm und 0,3% <3 mm. Weitere physikalische Kennwerte sind die Tausendkornmasse (TKM), der morphologische Singularitätsgrad S_α[1] und die Schüttdichte als 1/4-l-Masse. Die TKM steigt mit der Korngröße stetig an und hat im Median der Körnung den Wert von 14,0 g. Die S_α-Kennlinie weist dagegen Unstetigkeiten auf, die auf Maxima von zweifrüchtigen oder mehrfrüchtigen Anteilen im Gekörn hinweisen. Entsprechende Umkehrungen dieser Tendenz

[1] Definitionen für S_α und S_β bei FRITZSCH [2]

weist die Kennlinie der Schüttdichte, der 1/4-l-Masse auf, da die sog. „Packung" des Schüttgutes entscheidend von der Kornform abhängt und linsenförmige Körner die dichteren Packungen ergeben.

Unter den biologischen Kennwerten steht die Keimfähigkeit K im Vordergrund. Sie erreicht beim vorliegenden Saatgut die 70%-Grenze erst in der Kornklasse $w_R > 3{,}5$ mm (Abb. 1). Ihre Kennlinie wird ebenfalls durch die — wenn auch geringen — mehrfrüchtigen Anteile beeinflußt. Der Singularitätsgrad der Keimung S_β, auch als MKZ (mittlere Keimzahl) bezeichnet, verläuft mit geringer Divergenz zu niedrigeren Werten sinngemäß der S_α-Kennlinie. Schließlich ist die Kurve der relativen Keimung K_{rel}, des Quotienten aus Keimfähigkeit durch Keimzahl, eingetragen, die mit zunehmender Divergenz zur Keimfähigkeit verläuft.

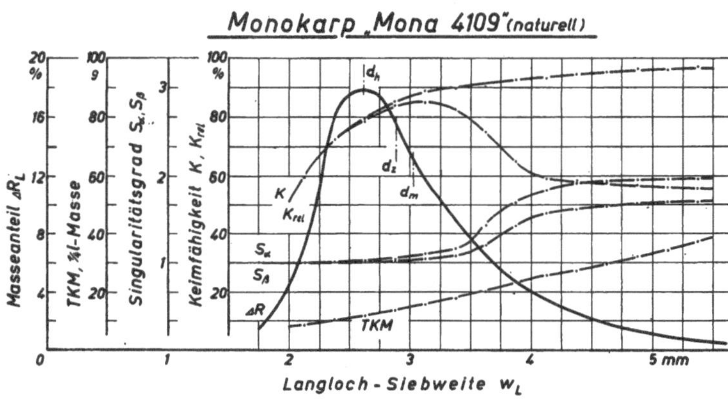

Abb. 2: Diagramm physikalischer und biologischer Kennwerte der Langloch-Siebklassen von naturellem Monokarp „Mona 4109"

Die gleiche Saatgutpartie nach den Ergebnissen der Langloch-Siebanalyse (Abb. 2) zeigt, daß die Dicken der diskusförmigen Monokarpkörner gegenüber den Durchmessern eine hochgipfligere Häufigkeitsverteilung mit stärker linksseitiger Asymmetrie aufweisen. Das Maximum d_h liegt bei 2,61 mm und die mediane Korngröße d_z bei 2,88 mm. Im Vergleich zum Korndurchmesser beträgt die Korndicke 66%. Der Verlauf der Kurven beider Singularitätsgrade läßt den von der Korndicke >3,5 mm an rasch steigenden Anteil polykarper Körner erkennen. Eine Langloch-Absiebung an dieser Grenze ermöglicht demzufolge das Abtrennen der störenden Polykarp-Anteile.

Das Zahlenmaterial, das den Diagrammen zugrunde liegt, erlaubt die Bestimmung der Kennwerte von Kalibern beliebiger Kombination. Es bietet also die Möglichkeit, die Auswirkungen von Änderungen der Größe und Lage des Kaliberfeldes in der Ausgangskörnung zu ermitteln. Zu diesem Zweck sind lediglich die an den Masseanteilen ΔR (%) gewogenen arithmetischen Mittel aus den Einzelwerten der beteiligten Kaliberkomponenten zu bilden.

3.2. Standardisierung von Kalibern und Kalibersystemen

Das Festlegen von Kalibern und ihnen zugeordneten Saatguttypen ist eine Aufgabe, an der Züchter und Pflanzenbauer, Aufbereiter und Maschinenkonstrukteure gemeinsam zu wirken haben. Ihr Ergebnis sollte aus wirtschaftlichen und technischen Gründen die Form eines rechtsverbindlichen Beschaffenheits-Standards erhalten. Im Hinblick auf dieses Ziel ist in erster Linie Klarheit zu gewinnen über ein zusammenhängendes, möglichst einfaches und ausdauerndes System von Anschlußkalibern, sowie über eine Reihe von ökonomischen, biologischen und technischen Richtwerten. Das vorgelegte Material bietet eine objektive Grundlage auch für die Diskussion eines Standards über ein System von Kalibern und Saatguttypen.

Es ist nach eigenen Vorstellungen wünschenswert, mit dem nationalen Standard zugleich die Verbindung zu erkennbaren Strömungen der internationalen Normung zu schaffen, soweit dadurch keine Beeinträchtigung der eigenen Ziele erfolgt. Bereist eingeführt in die internationale Normung, bietet sich die Behandlung der Maßbestimmung und Tolerierung von Kalibern wie von Zellen der Säorgane und ebenso der Passung Korn zu Zelle nach den Regeln des Toleranz- und Passungswesens an (TGL 0—7150/1) [11].

Über die Kaliberbreite haben die technischen Anforderungen der Einzelkornsämaschinen entschieden. Bezüglich Lage und Zuordnung der Kaliber im Körnungsfeld sind die Charakteristika der zu erfassenden Körnungen im Zusammenhang mit den vorgegebenen Richtwerten für die Saatguttypen bestimmend. Dabei ist die Zahl der Kaliber eines Systems unter unseren Bedingungen möglichst auf zwei einzuschränken. Die Herstellung weiterer Kaliber ist an die Bereitstellung gesonderter Zellensäorgane gebunden, verlangt höheren Aufwand in der Aufbereitung und getrennten Behandlung und schließt die Gefahr von Verwechslungen ein. Im kapitalistischen Ausland ist der Saatgutaufbereiter allerdings oft schon durch die Typenvielfalt an Einzelkornsämaschinen zur Herstellung weiterer Kaliber veranlaßt.

Lage und Zuordnung der Kaliber im Körnungsfeld kennzeichnen das Kalibersystem. Es kann aneinander anschließende oder einander überdeckende Kaliber aufweisen. Im Falle einander überdeckender Kaliber können sowohl eigene Ausgangskörnungen für jedes Kaliber herangezogen als auch alle Kaliber aus einer Körnung gewonnen werden. In jedem der möglichen Fälle aber wird die Körnung eines Kalibers in Bezug auf seine Komponenten einen eigenen Charakter aufweisen.

In theoretischen Modellen verschiedener Häufigkeitsverteilungen der Körnungskomponenten im Kaliber (Abb. 3) sind die Kaliber wiederum in der Breite von 1 mm nach verschiedenen Masseanteilen der vier 0,25-mm-Rundlochklassen aufgebaut.

Der Fall *a* zeigt eine Normalverteilung. Die Grenzkomponenten, also Grob- und Feinkorn im Kaliber, sind mit geringen Anteilen vertreten, die Hauptmasse stellen die Mittelklassen.

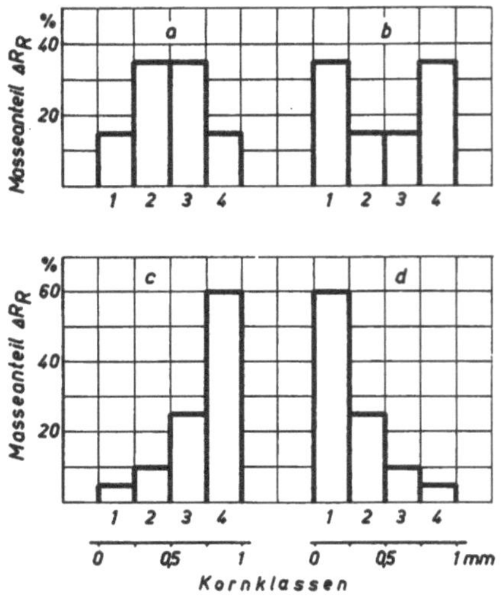

Abb. 3: Schemata möglicher Häufigkeitsverteilungen der Kornklassen im Kaliber

Im Fall *b* ist es umgekehrt. Die Grenzkornanteile überwiegen. Es ist eine Verteilung, die sich bei Sekundärkörnungen ergeben kann, wenn z. B. bei einem Zerkleinerungsprozeß gewisse Kornklassen nicht erzeugt werden und nur die natürlichen Anteile dieser Größe vorhanden sind. In Primärkörnungen ist dieser Fall ausgeschlossen. Exzessive Verteilungen liegen in *c* und *d* vor. Während in *c* das Grobkorn überwiegt, stellt in *d* das Feinkorn den beherrschenden Anteil. Verteilungen dieses Charakters ohne ausgeprägten Exzeß können — bei Aufgliederung von sehr ausgeglichenen Körnungen in zwei Anschlußkaliber — durchaus auftreten.

Neben der Kaliberbreite hat die Korngrößenverteilung im Kaliber ebenfalls Einfluß auf die Säarbeit. So wie die Grenzkornanteile die Siebklassierung erschweren, wirken sie auch auf den Füllvorgang in Zellensystemen ein, denn beide Vorgänge verlaufen weitgehend analog. Holländische Fachkreise erheben deshalb die Forderung nach Normalverteilung in den Kalibern[2]. Das bedeutet aufbereitungstechnisch, daß die Kaliberkomponenten getrennt erfaßt und nach bestimmtem Verhältnis kombiniert werden müssen. In einem System einander überdeckender Kaliber ist dabei die volle Ausschöpfung einer symmetrisch verteilten Ausgangskörnung möglich. Das Schema eines solchen Kalibersystems (Abb. 4) ist aus dem Angebot eines holländischen Handelsbetriebes [10] entwickelt, der die Saatguttypen B, C und D in den dargestellten Kalibern offeriert. Das Kaliber *A* wurde offenbar zurückgezogen und ist nur der Vollständigkeit halber eingesetzt worden. Die Zuordnung der Kaliber im System ist theoretischer Art und entspricht nicht dem genannten Angebot, dessen Saatguttypen vielmehr verschiedenen Zuchtsorten entstammen. Das Diagramm soll lediglich das System einander überdeckender Kaliber und vor allem die Möglichkeit der Herstellung aller projektierten Kaliber aus ein und

Mündl. Mitteilung von E. STROOKER, Inst. voor Landbouwtechniek en Rationalisatie, Wageningen

derselben Ausgangskörnung verdeutlichen. Wie sich zeigt, läßt sich der Charakter der symmetrischen Ausgangskörnung nach diesem Verteilungsmodus auf die Körnung der Kaliber übertragen.

Die Standardisierung eines solchen Systems verlangt keineswegs die Anerkennung des entworfenen Schemas. Aus verschiedenen Körnungen kann durchaus nur das eine oder andere Kaliber entnommen werden, zumal die Ausgangskörnungen natürlicher Variation unterliegen. Eine internationale Standardisierung wird aber ein System einander überdeckender Kaliber schon deshalb zugrunde legen müssen, weil es den regionalen Bedürfnissen und den unterschiedlichen Ansprüchen der vielfältigen technischen Entwicklungen nachkommen muß. Dem nationalen Standard wird innerhalb dieses Rahmensystems die Auswahlmöglichkeit bleiben.

Nach eigener Einsicht in dieses Arbeitsgebiet ist die Forderung nach vorbestimmter Verteilung der Körnung im Kaliber nicht gerechtfertigt. Sie verliert aus der Kenntnis der vorliegenden Körnungen an Bedeutung und wird durch geeignete Passungswahl, vor allem aber durch Kalibrierung in zwei Dimensionen der Körner, gegenstandslos.

Aus dem Beispiel der beiden für die Aufbereitung von Monokarp vorgeschlagenen Anschlußkaliber läßt sich entnehmen, daß die Körnungen keine extremen Verteilungen aufweisen. Die Klassenanteile über der Rundloch-Siebweite (Abb. 5) zeigen für die beiden Körnungen keinen spiegelbildgleichen Aufbau, weil der Mittelwert d_h der Ausgangskörnung bei 4,18 mm, also in der zweitgrößten Kornklasse des Kalibers A liegt. Der Median d_z dagegen liegt in der Nähe der gewählten Trenngrenze der Kaliber. Das Kaliber A, in den Rundlochmaßen 3,5···4,5 mm, ist durch eine Langlochsiebung bei 3,5 mm nach oben begrenzt und weist im Beispielsfalle rd. 47% Ausbeute auf. Mit 78,6% Keimfähigkeit und einer MKZ von 1,02 entspricht der Saatguttyp den gegenwärtigen Vorstellungen. Das Kaliber B in den Grenzen von 4,5···5,5 mm Rundloch-

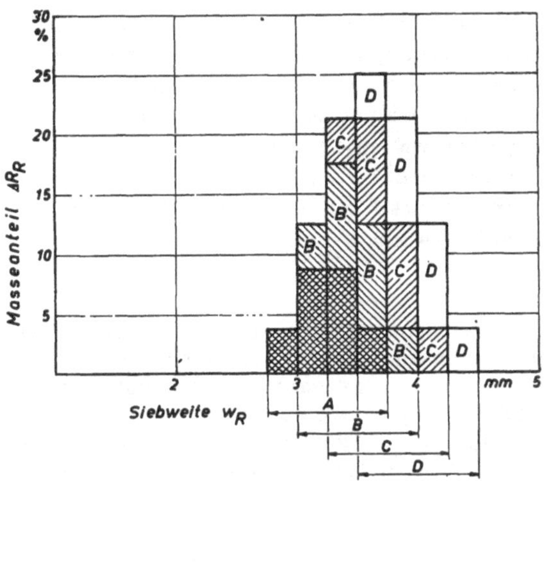

Abb. 4: Grafik der Kornklassen-Aufteilung einer symmetrischen Ausgangskörnung bei Gliederung in vier einander überdeckende Anschlußkaliber

maß und bei horizontaler Begrenzung mit Langlochmaß 4,0 mm ergibt 30% Ausbeute. Mit rd. 90% Keimfähigkeit und einer MKZ von 1,09 zeigt es vorzügliche biologische Qualitäten.

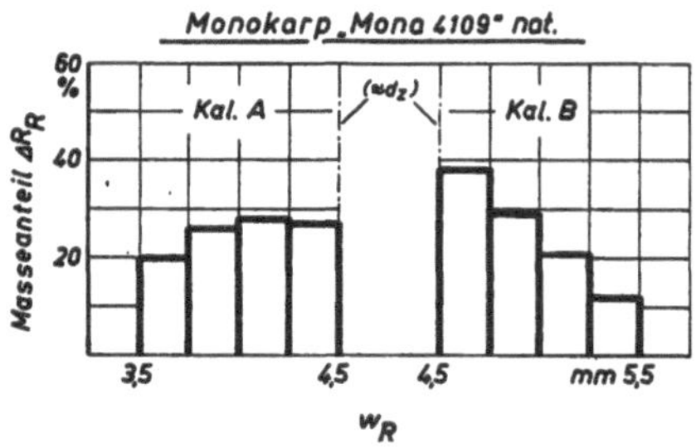

Abb. 5: Häufigkeitsverteilung der Kornklassen in den monokarpen Kalibern A und B

4. Zusammenfassung

Mit der Einführung der Einzelkornsaat ist die Aufbereitung von *Beta*-Rübensaatgut um den Aufgabenbereich der Kalibrierung erweitert worden. Als siebtechnische Bemessung nach vorgegebenen Größt- oder Kleinstmaßen in einer oder in zwei Hauptabmessungen der Körner hat die Kalibrierung den wichtigsten physikalischen Anspruch der Einzelkornsaat an das Saatgut zu erfüllen. Breite und Lage des Kalibers im Körnungsfeld des Ausgangssaatgutes bestimmen neben der physikalischen Gleichmäßigkeit auch biologische Kennwerte des erzeugten Saatguttyps. An einem Beispiel aus umfangreichen Siebanalysen, sowie physikalischen und biologischen Untersuchungen der Körnungskomponenten verschiedener Saatgutformen werden Charakteristiken des Körnungsaufbaues und der wichtigsten physikalischen und biologischen Kennwerte in den Korngrößenklassen dargelegt. Auswahl und systematische Zuordnung von Kalibern im Körnungsfeld werden als aktuelle Aufgabe der Standardisierung erachtet.

Mit der bei den besprochenen Kalibern erfolgten Bemessung der Toleranzen des Innenpaßteiles „Korn" in bezug auf Rund- und Flachpassung wird eine Qualität der Passung Korn zu Zelle ermöglicht, die den derzeitigen Anforderungen entspricht. Der nächste Schritt der saattechnischen Entwicklung ist dann wieder auf maschinentechnischem Gebiet zu gehen. Es ist jedoch abzusehen, daß nach der Bewältigung gegenwärtig heranreifender technischer Probleme der Einzelkornsaat wiederum neue Anforderungen an die Saatgutaufbereitung gerichtet werden müssen, um Schritt für Schritt dem Ziel einer vollständigen Mechanisierung des Rübenanbaues näher zu kommen.

Резюме

Введение пунктирного высева свекловичных семян требует кроме обычной подготовки семенного материала еще одного дополнительного рабочего процесса: калибровки семян. Заданные при калибровке наивысшие и наименьшие размеры семян в двух направлениях способствуют тому, что удовлетворяется первоочередное требование к физическим свойствам семенного материала для точного высева. Ширина и положение калибра в поле распределе-

ния разных по величине фракций исходного семенного материала определяют наряду с физической равномерностью и биологические показатели производимого типа семян. На одном примере из многочисленных анализов семян, пропущенных через набор решет, а также на основе исследований по физическому и биологическому качествам отдельных фракций семенного материала разной формы дается характеристика распределения семян по классам определенного размера и их главнейших физических и биологических показателей. Действенной задачей стандартизации считается выбор калибра и систематический подбор разных по величине групп семян в соответствующие калибры.
С определением допуска вставной части „зерно" по отношению к длине и толщине семенного клубочка в указанных калибрах достигается качество в системе допуска зерно к ячейке высевающего аппарата, отвечающее современным требованиям. Далбнейший шаг вперед в развитии техники посева должен быть улучшение самой сеялки. Но надо полагать, что после решения современных технических проблем пунктирного посева опять появляются новые требования к подготовке семян, чем создается возможность все ближе подойти к цели: полной механизации возделывания свеклы.

Summary

The problem of grading was included into the preparation of Beta beet seed after te introduction of single-grain seed. Grading means screen analysis according to given maximum and minimum sizes in one or two leading dimensions of the grains. It thus has to meet the main physical requirement of single-grain seed to a certain seed lot. Width and position of the calibre in the range of grain sizes of the initial seed determine both physical uniformity and biological index values of the seed type produced. An example from extensive screen analyses as well as physical and biological investigations into the grain size components of various seed forms are used to demonstrate characteristic features of the composition of grain sizes as well as of the most important physical and biological index values in the grain size categories. Selection and systematic coordination of calibres in the range of grain sizes are considered to be immediate objectives for standardization.
A quality of fit between grain and cell which meets the present-day requirements can be reached by means of the dimensioning of tolerances of the inside fitting piece „grain" with regard to round and flat fit, as was carried out in the calibres discussed. The next step of seed-technological development must, in turn, be made in the field of machinery. It can, however, be expected that the solution of currently ripening technological problems of single-grain seed will be followed by new demands to seed preparation, so that the final aim of complete mechanization of beet growing will be approached step by step.

Literatur

[1] Apel, O.: Untersuchungen zur Herstellung einkeimigen Zuckerrübensamens durch mechanische Zerkleinerung. Diss. Halle. 1939.

[2] Fritzsch, K.: Keimleistung und Singularitätsgrad der verschiedenen Zuckerrüben-Saatgutformen im Hinblick auf die Einzelkornsaat. Arch. Landtechn. 1 (1959) Nr. 2, S. 94

[3] FRITZSCH, K.: Zuckerrüben-Saatgut zur Einzelkornsaat. Zuckererzeug. 6 (1962) Nr. 1, S. 6

[4] FRITZSCH, K.: Maschine und Saatgut zur Einzelkornsaat von Zuckerrüben. Dtsch. Agrartech. 12 (1962) Nr. 2, S. 82

[5] FRITZSCH, K.: Einzelkornsaat von Zuckerrüben und ihre technischen Voraussetzungen. Dtsch. Agrartechn. 13 (1963) Nr. 7, S. 296

[6] FRITZSCH, K.: Einzelkornsaat — Erfahrungen und Perspektiven. Wiss.-techn. Fortschr. Landwirtsch. 6 (1965) Nr. 3, S. 296.

[7] FRITZSCH, K.: Zur technischen Aufbereitung des Saatgutes von Beta-Rüben für die Einzelkornsaat in der sozialistischen Landwirtschaft. Habilitationsschrift. Halle. 1966

[8] KNOLLE, W.: Maschinell erzeugter einkeimiger Rübensamen. Zuckerrübenbau 22 (1940) Nr. 9

[9] KNOLLE, W.: Einkeimiger Rübensamen — ein Züchter-, aber auch ein Ingenieur-Problem. Techn. in Landwirtsch. 23 (1942) Nr. 2, S. 19

[10] —: Saatgut-Prospekt der Fa. F. Goyarts u. Zonen, Zaadteelt N.V., Wehe-den Hoorn Gr., 1964

[11] TGL 0-7150/1, Ausg. 6.62: Einführung, Grundlagen, Toleranzen, Passungen

Arch. Landtechnik · Bd. 6 · 1967 · H. 1 · S. 47—62 · Berlin

Aus dem Landmaschinen-Institut der Martin-Luther-Universität Halle-Wittenberg

LEOPOLD KÜHNBERG

Zur Verbesserung der Ablagegenauigkeit bei Einzelkornsämaschinen

Eingegangen: 15. September 1966

1. Analyse des Sävorganges und Ableitung der Versuchsaufgabe

Der Sävorgang bei Einzelkornsämaschinen läßt sich im wesentlichen in die folgenden Phasen gliedern:

1. Füllphase
2. Abgabephase
3. Wurfphase
4. Prallphase.

Obwohl diese Vorgänge fließend hintereinander ablaufen und im engen Zusammenhang betrachtet werden müssen, ermöglicht doch nur eine analytische Untersuchung der einzelnen Phasen die Aufdeckung der Ursachen mangelnder Präzision in der Ablagegenauigkeit.

In den Anfängen der Entwicklung von Einzelkornsämaschinen erstreckten sich die wissenschaftlichen Untersuchungen in Sonderheit auf die Füllphase. Hauptschwierigkeit war die periodische Entnahme von Einzelkörnern aus dem Saatgutvorrat. Es gelangten Löffel- und Greifermechanismen sowie Zellenscheiben, -bänder und -räder zur Anwendung. Neben geringer Störanfälligkeit erzielten dabei die Zellenräder in etwa die beste Arbeitsqualität. Trotzdem lag der Anteil an Fehl- und Doppelbelegungen der Zellen noch unvertretbar hoch. Erst mit der Kalibrierung des Saatgutes wurde es möglich, die Zellenform diesem so anzupassen, daß sich die Einzelkornsaat auch in der Praxis mehr und mehr durchsetzen konnte. Insbesondere halfen Arbeiten von BRINKMANN [2; 3], FRITZSCH [7] und BASIN [1] bei der Klärung der Beziehungen zwischen Saatkorn und Zelle während der Füllphase.

Obwohl in Kontrollversuchen bereits nahezu 100%ige Zellenbelegungen erzielt wurden, zeigten sich jedoch bei der Auswertung der Ablagegenauigkeit auf dem Leimstreifen immer wieder Verschiebungen in der Körnerfolge, die sogar zu Doppel- oder Fehlstellen führten. Die beim Füllvorgang erzielte Präzision wurde demzufolge während der Abgabe- und Wurfphase reduziert. Spezielle Untersuchungen befaßten sich daraufhin mit der konstruktiven Verbesserung von Auswerfer (Material, Anstellwinkel, Dicke), Auswerfernut und Auswurfkanal [10].

Auch der Einfluß der Fallhöhe auf die Ablagegenauigkeit von Einzelkornsämaschinen wurde ermittelt [5; 9]. Hierdurch konnte die Ablagegenauigkeit beachtlich erhöht werden (Tab. 1).

Tabelle 1

Kornverteilung auf dem Leimstreifen bei verschiedenen Einzelkornsämaschinen (zusammengestellt nach deutschen und holländischen Prüfberichten)

Saatgut: Zuckerrüben, monopoly-beta, kalibriert

Typ	Soll-abstand cm	v_F km/h	Doppel-stellen[1] %	Soll-stellen[2] %	Fehl-stellen[3] %
IR 2 „S" Fa. Kleine	4,80	4	2,9	96,1	1,0
Monozentra	4,74	4	3,4	95,9	0,7
Monodrill 1965	4,61	4	5,9	93,7	0,4
Fendt	4,0	4	10,0	87,7	2,3
Hassia „Exakta"	4,1	5	14,1	84,0	1,9

[1] < 2,5 cm
[2] 2,5 cm bis 2facher Sollabstand
[3] > 2facher Sollabstand

Die Fixierung und Bonitierung des Arbeitsbildes von Einzelkornsämaschinen mittels des Leimstreifens berücksichtigt jedoch nicht genügend stark die praktischen Bedingungen auf dem Acker. Der Leimstreifen hält das Korn im Moment des Aufpralls fest. Er gibt folglich nur Auskunft über den Grad der Präzision, der beim Sävorgang während der Füll-, der Abgabe- und der Wurfphase erzielt wird. Vergleichende Untersuchungen erbrachten jedoch eine weitere nicht unbedeutende Verminderung der Ablagegenauigkeit auf dem Acker gegenüber dem Leimstreifen. Es müssen demzufolge bei der Feldaussaat nach dem Auftreffen des Kornes in der Saatrinne sekundäre Verschiebungen der Ablageabstände erfolgen. Diese Erscheinung des „Verrollens und Verspringens" der Körner in der Saatrinne soll Gegenstand dieser Ausführungen sein.

2. Die Korn-Verrollung in der Saatrinne (Prallphase)

Bereits vor 1923 konstruierte BERND [6] eine Einzelkornsämaschine, die dem Verrollen der Körner in der Saatrinne dadurch entgegenwirken sollte, daß sie den Grund der Saatrinne kontinuierlich mit Wasser anfeuchtete. Freilich war dieser umständlichen und unzulänglichen Lösung wenig Erfolg beschieden, aber sie zeigt, daß schon früh die Notwendigkeit erkannt worden ist, den Kornverrollungen zu begegnen. Erste größere theoretische und praktische Arbeiten erschienen von EVERS [5] und KOROBEINIKOW [9]. Insbesondere KOROBEINIKOW befaßte sich mit der technisch-physikalischen Erklärung des vorliegenden Effektes.

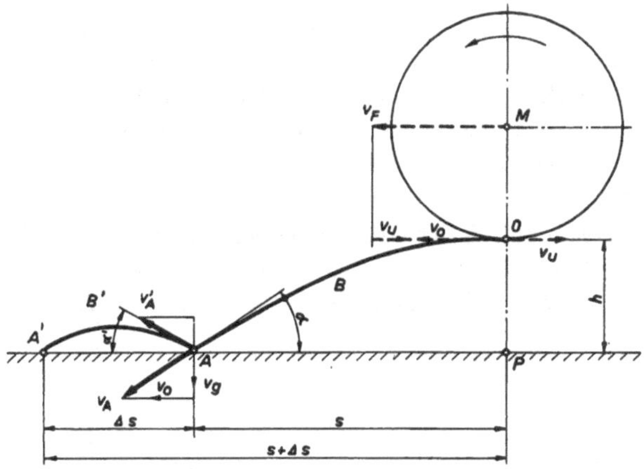

Abb. 1: Schematische Darstellung der Geschwindigkeitsrelationen bei der Saatgutablage einer Einzelkornsämaschine (nach KOROBEINIKOW, geändert)

M	Zellenrand	v_u	Umfangsgeschwindigkeit
O	Abgabepunkt	$v_0 = v_F - v_u$	Abgabegeschwindigkeit relativ zur Saatrinne = Wurfgeschwindigkeit
A	Auftreffpunkt		
A'	Aufprallpunkt		
h	Fallhöhe	v_g	Fallgeschwindigkeit
α	Auftreffwinkel	v_A	Auftreffgeschwindigkeit
α'	Prallwinkel	v'_A	Prallgeschwindigkeit
B	Wurfbahn	S	Wurfweite
B'	Prallbahn	ΔS	Prallweite
v_F	Fahrgeschwindigkeit	$S + \Delta S$	Ablageweite

Das Zellenrad (Abb. 1) weist in der angegebenen Richtung die Umfangsgeschwindigkeit v_u auf. Die von den Zellen mitgeführten Saatkörner verlassen diese am untersten Punkt des Zellenrades mit der Geschwindigkeit v_u relativ zur Maschine. Überlicherweise ist die Richtung von v_u im Tiefstpunkt des Zellenrades der Fahrtrichtung entgegengesetzt. Relativ zum Boden kompensieren sich also die Geschwindigkeiten v_F und v_u teilweise, so daß das Korn mit der Geschwindigkeit $v_0 = v_F - v_u$ die Maschine verläßt. Beim Fallen um die Höhe h legt das Korn eine parabelförmige Wurfbahn B zurück[1] und trifft im Winkel α im Punkt A auf den Saatrinnengrund. Die auf die Saatrinne projizierte Wurfbahn ergibt die Wurfweite S. Nach dem Auftreffen verläßt das Korn den Punkt A unter gewissen Bedingungen mit der Geschwindigkeit v'_A und legt auf der Bahn B' eine Strecke zurück, die als Prallweite ΔS auf den Saatrinnengrund projiziert werden kann. Ihre Größe ist abhängig vom Auftreffwinkel α, von der Auftreffgeschwindigkeit v_A, von der Elastizität des Bodens und des Kornes sowie von anderen Einflußgrößen.

[1] Für den waagerechten Wurf mit der Anfangsgeschwindigkeit v_0 ergibt sich zur Fallhöhe h die Wurfweite $S = v_0 \sqrt{2\,h/g}$, und mit $g = 9{,}81$ m/s² und $v_0 = v_F - v_u$ wird $S = 0{,}452\,(v_F - v_u)\sqrt{h}$. Daraus ergibt sich z. B. für $v_F = 1$ m/s, $v_u = 0{,}08$ m/s, $h = 0{,}035$ m eine Wurfweite $S = 0{,}077$ m (die Redaktion).

EVERS [5] gelangte in detaillierten praktischen Laborversuchen zu quantitativen Aussagen. Als wichtigste Einflußgrößen auf das Ausmaß der Verrollung nennt er Fahrgeschwindigkeit, Fallhöhe und Furchenquerschnitt. Es gelang ihm, mittels einer im Querschnitt keilförmigen Saatrinne (Keilschar) die Verrollungen um rd. 40% zu verringern.

Ausgehend von der Tatsache, daß im praktischen Bereich trotz der Anwendung keilförmiger Schare nach EVERS die Ablagegenauigkeit der Einzelkornsämaschinen noch nicht befriedigen konnte, wurden am Landmaschinen-Institut der Universität Halle weitere Versuche zur Klärung des Ablagevorganges angelegt.

3. Laborversuche

Leimstreifenversuche wurden bisher meist so durchgeführt, daß unter einer stationären Säeinheit geleimte Papierstreifen mit Fahrgeschwindigkeit hindurchgezogen wurden. Für die folgenden Versuche schien es aber angebracht, die Säeinheit über einen festliegenden Streifen fahren zu lassen. Nur so konnten die auftretenden Relativgeschwindigkeiten zwischen Maschine, Korn und Streifen naturgetreu erfaßt werden.

Es machte sich hierzu der Neubau eines Prüfstandes erforderlich (Abb. 2). Die zu prüfende Säeinheit sitzt dabei in einem Trägerrahmen, der mittels 3 Laufrollen fahrbar auf der 15 m langen Prüfstreifenbank angeordnet ist. Der Antrieb erfolgt durch einen ebenfalls im Rahmen installierten E-Motor von 1 kW Leistung über ein 3-Stufen-Kettengetriebe. Das Getriebe ermöglicht Fahrgeschwindigkeiten von 1,0, 1,5 und 2,0 m/s. Über einen Umpolschalter wird der Rücklauf der Säeinheit bewirkt.

Die Versuchsaufgabe bestand darin, klare Erkenntnisse zunächst über die Vorgänge während der Wurfphase, sodann auch möglichst über die anschlie-

Abb. 2: Leimstreifenprüfstand mit fahrbar angeordneter Säeinheit

ßende Prallphase zu gewinnen. Es sollten sowohl die Wurfbahnen bei verschiedenen Geschwindigkeiten wie auch das Auftreffen und Verrollen oder Verspringen der Körner in der Saatrinne photographisch fixiert werden. Hierzu wurde eine stationäre Kamera seitlich der Prüfstreifenbank so aufgestellt, daß sie über eine Fahrstrecke von rd. 20 cm die Vorgänge im Bereich der Kornfallhöhe bildlich festhalten konnte. Im Moment der Vorbeifahrt der Säeinheit wurde die Kamera automatisch ausgelöst.

Die Fotos (Abb. 3) lassen deutlich den Einfluß der Fahrgeschwindigkeit auf die Kornbewegungen während der Wurfphase erkennen und führen zugleich zu quantitativen Aussagen. Aus den parabelförmigen Bahnen lassen sich der Auftreffwinkel $\alpha \approx 45°$, die Wurfweite $S = 5 \cdots 6$ cm sowie Kornfolge, Streuung, Doppelbelegungen u. a. ablesen. Die ungenügende Abstimmung zwischen Saatgutkaliber und Zellenform (Abb. 3a und 3b) brachte eine erhöhte Zahl an Doppelbelegungen und eine unregelmäßige Kornfolge. Die Verwendung enger kalibrierten Saatgutes ergab eine wesentliche Verbesserung der Kornfolge (Abb. 3c).

Für die Fahrgeschwindigkeit $v_F = 2$ m/s ergaben sich erwartungsgemäß Wurfbahnen mit kleinerem Auftreffwinkel. Aus Abb. 4 sind $\alpha \approx 25°$ und $S \approx 10$ cm abzulesen. Die Geschwindigkeitskomponente v_F hat sich also relativ zur Fallgeschwindigkeit v_g erhöht.

In weiteren Versuchen wurden die Körner nicht wie bisher in den freien Raum abgeworfen, sondern entsprechend der natürlichen Aussaatverhältnisse in 3,5 cm Höhe über einer Bodenrinne zur Abgabe gebracht. Der als Saatrinne dienende Mutterboden wurde leicht geglättet und angedrückt. Es zeigten sich nun beim Sävorgang deutlich die Prallbewegungen der Körner (Abb. 5).

So führt z. B. die Prallbahn B' (Abb. 5a) über die Prallweite $\Delta S = 7{,}3$ cm. v_F betrug dabei 2 m/s. Die in Abb. 5b nur zur Hälfte dargestellte Bahn B' überspannt offensichtlich eine Strecke $\Delta S \approx 8$ cm. Demnach können die Prallweiten die Größe des an der Maschine eingestellten Kornabstandes nicht nur erreichen, sondern sogar bei weitem überschreiten. Da die Fotos (Abb. 5) zu der Annahme berechtigen, daß die Mehrzahl der abgeworfenen Körner einem Prallvorgang unterliegt, der zu einer erheblichen Verschiebung zwischen Auftreff- und Ablagepunkt führt, ist hierin eine wesentliche Ursache für die vielfach geringe Präzision der Saatgutablage bei Einzelkornsämaschinen zu erblicken. Mithin wird die Annahme BRINKMANNS unterstrichen, daß „eine größere, aber in den meisten Fällen nicht erkannte Fehlerquelle in den Roll- und Prallvorgängen der Knäule in der Saatfurche liegt“ [4].

Die Methode der Fotografie im Labor konnte jedoch nur der Sichtbarmachung und Fixierung des Prallvorganges dienen. Zur Ermittlung einer umfassenden Aussage über das Ausmaß der Roll- und Prallbewegungen mußte ein anderes Verfahren gewählt werden. Es sollte unter natürlichen Bedingungen auf dem Acker Anwendung finden und trotzdem den Verrollungseffekt spezifisch für jedes einzelne Korn nachzuweisen gestatten.

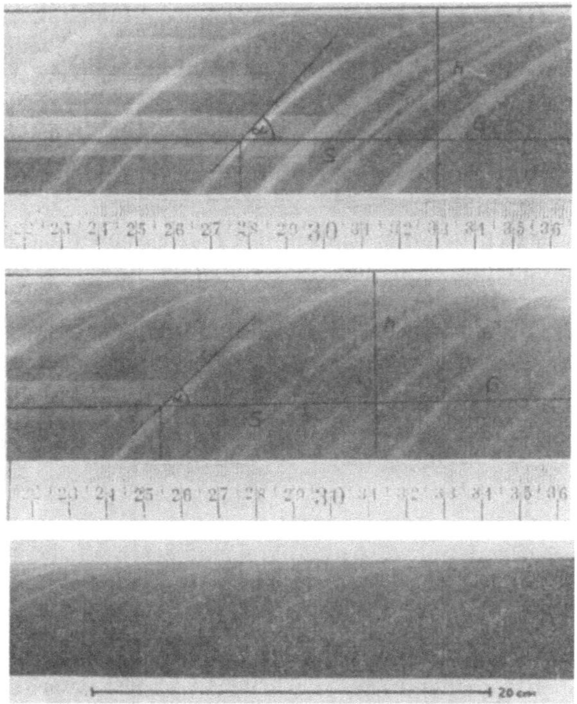

a

b

c

Abb. 3a—c: Kornwurfbahnen beim Sävorgang mit einer Einzelkornsämaschine

Fahrgeschwindigkeit: $v_F = 1$ m/s, Fahrtrichtung: von rechts nach links
Zellenrad: 2 Zellenreihen, Nutbreite 2 mm,
Zellendurchmesser $D = 5{,}1$ mm
Zyl. Zellentiefe $t_z = 3{,}6$ mm
Umfangsgeschwindigkeit $v_u = 8$ cm/s
Theoretischer Kornabstand: 5,1 cm
α Auftreffwinkel
S Wurfweite
h Fallhöhe = 3,5 cm
G Saatrinnengrund

Abb. 3a; b: Kornwurfbahnen bei Verwendung von Saatgut, das im Kaliber nicht mit den Zellenabmessungen abgestimmt wurde
Saatgutkaliber: R 3,25···4,75 mm*

Abb. 3c: Kornwurfbahnen bei Verwendung eines größenmäßig für die Zellenabmessungen geeigneten Saatgutes. Saatgutkaliber: R 3,75···4,75 mm/L 3,25···4,25 mm

* Die in der DDR angewandten Kaliberbezeichnungen für Rübensaatgut setzen sich folgendermaßen zusammen: Die Zahlen in mm geben die Kaliberspanne, d. h. die obere und untere Sieblochweite der Kalibrierung, an. Die großen Buchstaben *R* und *L* geben darüber Auskunft, ob die Kalibrierung auf Rund- oder/und Langlochsieben erfolgt ist. Der Bereich 3,5···4,5 mm wird in der DDR als *A*-Kaliber bezeichnet. Nach oben schließt sich daran größenmäßig das *B*-Kaliber mit den Abmessungen *R* 4,5···5,5 mm an.
Beispiel: Die Partie *R* 3,5·· 4,5 mm/*L* 0···4,0 mm liegt im *A*-Kaliber-Bereich, wurde aber einer zusätzlichen Langloch-Kalibrierung bei einer Sieblochweite von 4,0 mm unterzogen

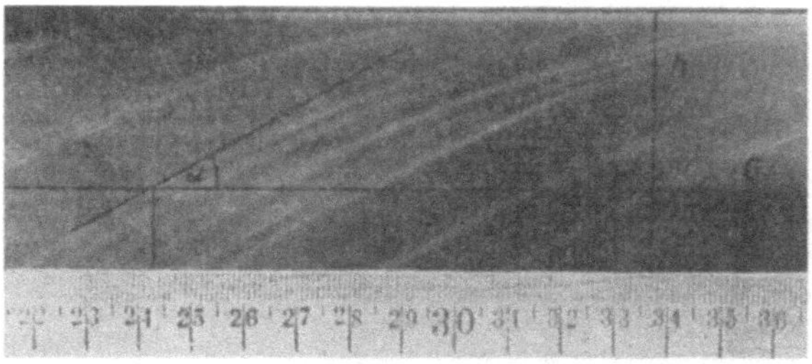

Abb. 4: Kornwurfbahnen bei $v_F = 2$ m/s

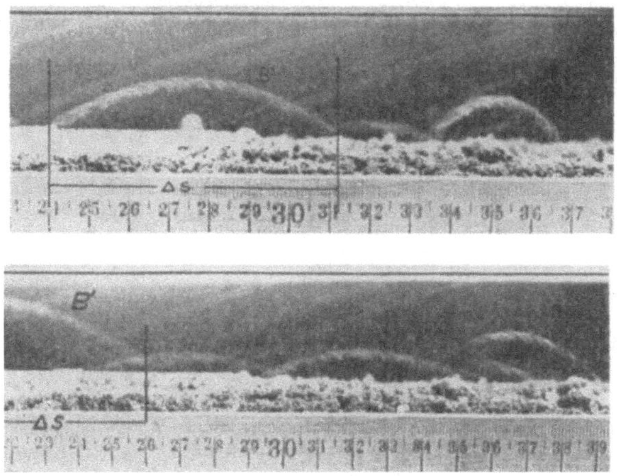

a

b

Abb. 5a u. b: Kornwurfbahnen einschl. der Prallbewegungen ($v_F = 2$ m/s, Fahrtrichtung: von rechts nach links)[2]

4. Feldversuche

4.1. Versuchseinrichtung

Für den Feldversuch wurden an einer Säeinheit der Einzelkornsämaschine A 665—2,5 verschiedene technische Änderungen vorgenommen. Verwendung fand hier ein eigens angefertigtes Zellenrad, auf dessen Mantelfläche sich nur insgesamt 10 Zellenbohrungen befanden. Bei diesem Rad trug eine seitlich angesetzte Nut 10 Nocken, die in ihrer Anordnung der Verteilung der Zellen entsprachen (Abb. 6). Beim Sävorgang übertrugen diese Nocken im Moment des Kornauswurfes einen Impuls auf einen Unterbrecher, der seinerseits an einer Funkenstrecke synchron das Überspringen eines Funkens bewirkte (Abb. 7). Eine an der Maschine befindliche Wachspapierrolle (2), die sich mit Fahrgeschwindigkeit über Führungsrollen (3), Funkenstrecke (4), Umlenkblech

[2] Die Abb. 5a und 5b entstanden unter gleichen Versuchsbedingungen. Abb. 5b wird zur Bekräftigung der Aussagen in Abb. 5a wiedergegeben.

Abb. 6: Spezialzellenrad mit je 10 Zellen und Nokken. (Der Ausschnitt zeigt zwei Zellen und zwei Nocken)

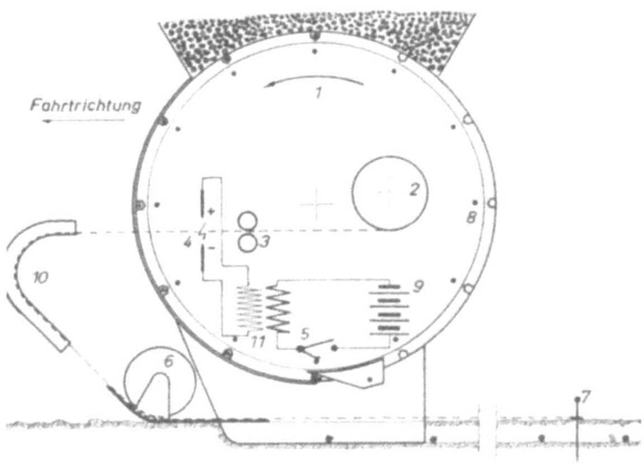

Abb. 7: Schematische Darstellung der Versuchseinrichtung zur Registrierung der Kornfolge (Abgabephase)

1 Zellenrad
2 Wachspapierrolle
3 Führungsrolle
4 Funkenstrecke
5 Unterbrecher
6 Stabilisierungsrolle
7 Anfangspunkt
8 Nocken
9 Stromquelle
10 Umlenkblech
11 Trafo

Abb. 8: Säeinheit mit Registriereinrichtung der Kornabgabe beim Feldeinsatz

(10) und Stabilisationsrolle (6) abspulte — der Anfang des Papierstreifens wurde am Feldanfang (7) befestigt — registrierte mittels Funkendurchschlages die Abgabeabstände. Nach dem Feldaufgang der Rüben konnten durch erneutes Auslegen der Papierstreifen, jeweils beginnend an den Anfangspunkten (7), Vergleiche zwischen Kornabgabepunkt (Funkendurchschlag) und Standort der dazugehörigen Pflanze vorgenommen werden. Die Strecke zwischen beiden Punkten (Abb. 9) mußte der Ablageweite ($S + \Delta S$) entsprechen. Durch Abzug der bereits fotografisch ermittelten durchschnittlichen Wurfweite S erfolgte die Errechnung der Prallweite ΔS für jedes einzelne Korn. Infolge der Wahl sehr weiter Kornabstände (60 cm) war ein gegenseitiges Überholen einzelner Körner vermieden worden, so daß jede auf dem Acker angetroffene Pflanze ihrer Herkunftszelle zuverlässig zugeordnet werden konnte.

a

b

Abb. 9: Differenzstrecke zwischen Kornabgabepunkt und Pflanzenstandort (Ablageweite $S + \Delta S$)
a) Fahrgeschwindigkeit $v_F = 0{,}9$ m/s
b) Fahrgeschwindigkeit $v_F = 1{,}6$ m/s

4.2. Anlage des Versuches

Die Versuchsanstellung erfolgte auf einer Fläche des Lehr- und Versuchsgutes Merbitz. Der Gesamtversuch gliederte sich in zwei Serien, die zeitlich nacheinander auf der gleichen Fläche angelegt wurden (Tab. 2). Zur Aussaat gelangte in beiden Serien Saatgut der Sorte „Mona", kalibriert R 4,5 ··· 5,5 mm.

Tabelle 2
Anlage der Feldversuche

Serie	Anzahl und Länge der Papierstreifen	Zeitpunkt der Aussaat	Zeitpunkt der Auszählung
I	8 je 25 m	27. 4. 66	23. 5. 66
II	12 je 25 m 4 je 50 m	31. 5. 66	24. 6. 66

4.3. Ergebnisse

In der folgenden Darlegung und Auswertung der Ergebnisse werden die Zahlen der Serien I und II zusammengefaßt behandelt. Die Abbildung 9 zeigt zunächst zwei gemessene Anlageweiten für 0,9 und 1,6 m/s Fahrgeschwindigkeit. Sie belaufen sich auf 18 und 31 cm und ergeben bei Abzug der mittleren Wurfweiten ($\bar{S}$) folgende Prallweiten (ΔS):

	$(S + \Delta S) \; - \; \bar{S} \; = \Delta S$
$v_{F\,1} = 0{,}9$ m/s	18 cm − 5 cm = 13 cm
$v_{F\,2} = 1{,}6$ m/s	31 cm − 8 cm = 23 cm

Die nachstehenden Versuchergebnisse resultieren aus der Messung einer Vielzahl von Ablageweiten (700 m Registrierstreifen-Gesamtlänge mit rd. 1170 Kornablagen und rd. 500 aufgelaufenen Pflanzen).

Die Kurve für $v_{F\,1}$ (Abb. 10) läßt erkennen, daß bei dieser Fahrgeschwindigkeit 25% aller Körner in etwa 9 cm Entfernung vom Abgabepunkt zur Ruhe kommen. Dieser Punkt weist die größte Häufigkeit der Kornablage auf. Er ist darüberhinaus identisch mit dem arithmetischen Mittel aller gemessenen Ablageweiten und deren Häufigkeit. Die Form der Kurve weist eine nahezu symmetrische Verteilung beiderseits des Mittelwertes auf.

Der Abszissenwert $\bar{S}_1 = 5$ cm markiert die fotografisch gemessene mittlere Wurfweite bei 0,9 m/s Fahrgeschwindigkeit. In dem durch ihn bezeichneten Punkt kommen 10,8% aller Körner zur endgültigen Ablage. Gäbe es nicht die Erscheinung der sekundären Roll- und Prallbewegungen, so müßten, abgesehen von anderweitig begründeten Streuungen (Exaktheit der Kornanlieferung, Luftwiderstand, Erschütterungen) alle, d. h. 100% der ausgebrachten Körner, in dieser Entfernung vom Abgabepunkt aufzufinden sein. Aus den Untersuchungen geht aber hervor, daß der weitaus größere Teil der Körner, nämlich

87%, in größeren Abständen als 5 cm vom Abgabepunkt zur Ruhe kam. Wird von der Ablageweite ($S + \Delta S$) jeweils die mittlere Wurfweite ($\bar{S}$) in Abzug gebracht, so ergibt sich eine Varianz der eigentlichen Verrollung von 0···14 cm. Diese Streubreite entspricht bei der praktischen Einzelkornsaat nahezu der Summe von 3 aufeinanderfolgenden Kornabständen (3×5 cm).

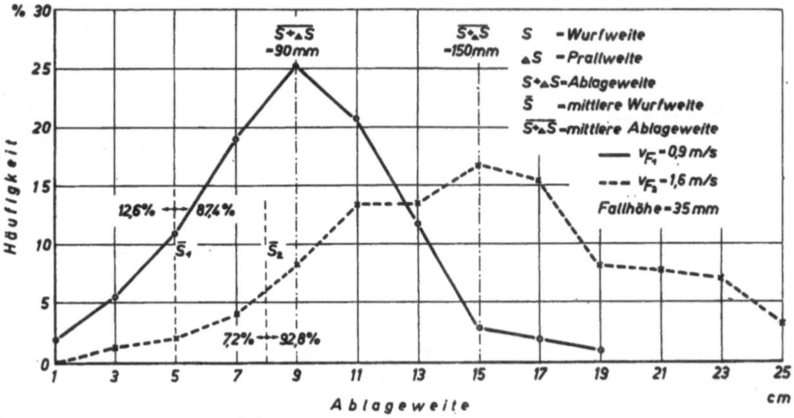

Abb. 10: Prozentuale Häufigkeit der Ablageweiten ($S + \Delta S$)

Ein bestimmtes Korn kann demnach beim Sävorgang im Extremfall zwei nachfolgende Körner über- sowie ein drittes Korn einholen und gemeinsam mit diesem zu einer Doppelstelle führen. Dazwischen können eine Vielzahl von Ablagevarianten hinsichtlich weiterer Doppelstellen bei geringerer Verrollstrecke auftreten.

In Abb. 11a ist eine Anzahl von Häufigkeitskurven in periodischer Aufeinanderfolge (Abstand 5 cm) dargestellt. Dabei fallen für jeden Abszissenwert jeweils 3···4 Ordinatenwerte übereinander, die verschiedenen Kurven angehören. Allein daraus geht hervor, daß im vorliegenden Fall Doppelstellen sowie sogar dreifach und vierfach belegte Wuchsstellen auftreten können.

Addiert man die Ordinatenwerte der Kurven in einem Bereich von 10 cm Weglänge für jeweils 2 cm Abszissenabstand an den Punkten 0···5 und setzt die ermittelte Summe aller Häufigkeiten gleich 100%, so läßt sich für die genannten Punkte ein prozentualer Wahrscheinlichkeitsgrad der Kornablage finden. Dieser muß jedoch in Relation zur Bezugsstrecke gesehen werden, da er sich bei Veränderung derselben (z. B. auf 5 cm = Kornfolge oder 19 cm = $= S + \Delta S$) ebenfalls ändert. Im vorliegenden Fall schwankt er für die fixierten Punkte nur geringfügig, nämlich zwischen 18,3 und 20,7%. Daraus ist abzuleiten, daß sich im Bereich der ausgewählten Strecke bei 5 cm theoretischem Kornabstand kein nennenswertes Maximum an Ablagewahrscheinlichkeit befindet. Die Roll- und Prallbewegungen der Körner haben zu einer Verwischung und Überlagerung der vorbestimmten Ablagepunkte geführt. Verdoppelt man den eingestellten Kornabstand auf 10 cm, so daß in Abb. 11a nur jede zweite

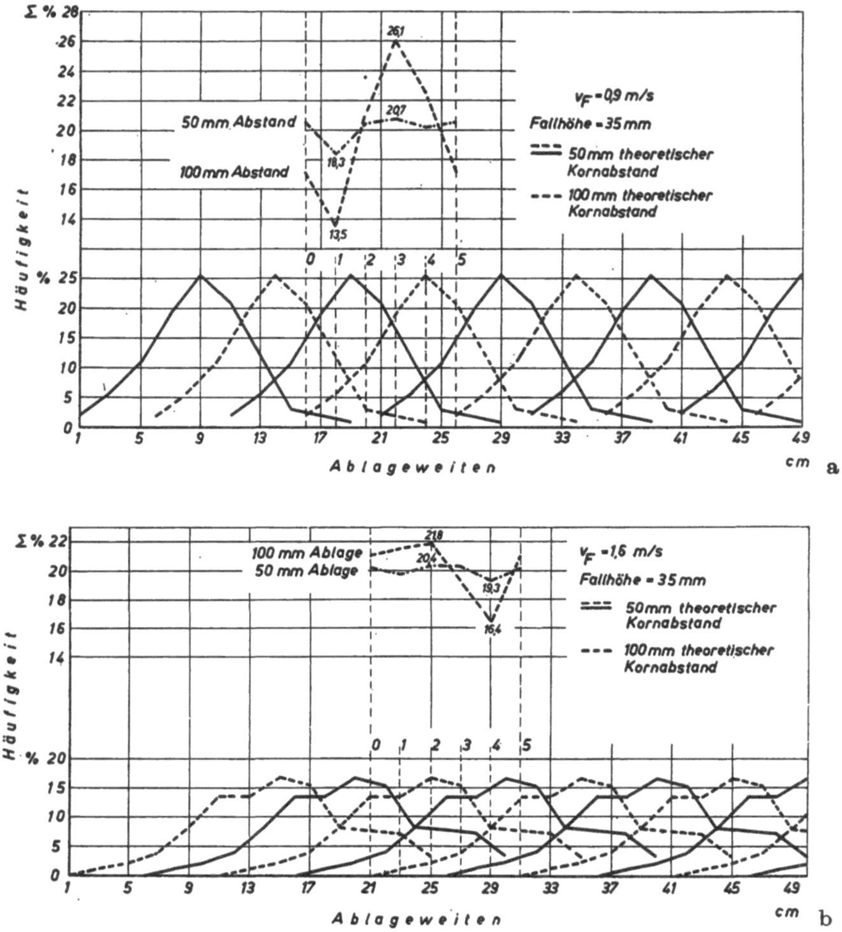

Abb. 11: Wahrscheinlichkeit der Kornablage bei vorgegebener periodischer Kornfolge

gestrichelte) Kurve zum Tragen kommt, dann läßt die daraus resultierende Wahrscheinlichkeitskurve bereits größere Schwankungen erkennen. Sie liegen etwa zwischen 13,5 und 26,1%. Mithin kommt in dem durch das Maximum fixierten Ablagepunkt ein Korn mit doppelt so großer Wahrscheinlichkeit zur Ablage als im Minimum.

Es kann also festgestellt werden, daß bei einer Fahrgeschwindigkeit $v_F =$ $= 0{,}9$ m/s die Roll- und Prallbewegungen der Körner im Boden ein solches Ausmaß annehmen, daß bei einem an der Maschine eingestellten Ablageabstand von 5 cm und den o. g. weiteren technischen Gegebenheiten eine Einzelkornablage im gewünschten Sinne nicht gewährleistet werden kann.

Die zweite Kurve in Abb. 10 zeigt die Häufigkeitsverteilung der Ablageweiten ($S + \Delta S$) für $v_F = 1{,}6$ m/s. Auch diese Kurve hat einen annähernd glockenförmigen Verlauf, ist jedoch stärker auseinandergezogen, d. h. die höhere Fahrgeschwindigkeit führte zu einer größeren Streubreite in der Endablage. Das arithmetische Mittel für $S + \Delta S$ liegt hier bei 15,0 cm; der fotografisch ermittelte Wert $\bar{S}$ bei rd. 8 cm. Es ergibt sich eine Streubreite der Verrollungen von 0···17 cm. Bezieht man in den Ablagebereich auch die Strecke S ein, in der immerhin ca. 10% der Körner abgelegt wurden (Diskussion folgt unten), so beläuft sich die Gesamtstrecke, auf der ein bestimmtes Korn zur Ruhe gelangen kann, auf 25 cm. Diese Länge entspricht 5 Kornabständen von 5 cm und besagt, daß im Extremfall äußerst geringer Wahrscheinlichkeit bis zu 5 Körner in einem Punkt liegen bleiben können.

Die Abb. 11b zeigt die Kurve für $v_F = 1{,}6$ m/s in periodischer Aufeinanderfolge analog zu Abb. 11a. Über den Abszissenpunkten 0···5 liegen hier 4···5 Ordinatenwerte der Kurven. Ihre Addition zeigt eine noch stärkere Vergleichmäßigung der Ablagewahrscheinlichkeit (Max. = 20,4%, Min. = 19,3%). Dies gilt auch für die Additionskurve bei 10 cm Ablageabstand. Hier liegen die Extremwerte nur noch bei Max. = 21,8% und Min. = 16,4%.

Die höhere Fahrgeschwindigkeit bringt somit infolge des Anwachsens der Roll- und Prallbewegungen der Körner bei der gegenwärtigen Konstruktion der Einzelkornsämaschine eine weitere starke Verringerung der Präzision der Einzelkornablage mit sich.

4.4. Diskussion

Mittels vorstehend beschriebener Versuchsanstellung wurden die Roll- und Prallbewegungen der Körner qualitativ und quantitativ erfaßt, wenn auch dabei bisher nicht der Auftreffmoment des Kornes in der Saatrinne ermittelt werden konnte. Unter dieser Voraussetzung hätten statt der mittleren Wurfweite $\bar{S}$ jeweils die tatsächlichen S-Werte verrechnet und die Aussagen über die Prallweiten ΔS verfeinert werden können. Gleichzeitig wäre dabei Material über die Verungleichmäßigung der Kornfolge während der Wurfphase gewonnen worden, das Auskunft über den Wurf- und Prallvorgang auch bei denjenigen Körnern gegeben hätte, die im Bereich der Wurfweite S zur Ablage gekommen sind.

Im Labor sind zur Fixierung des Auftreffzeitpunktes bereits Untersuchungen von Lorenz (fotoelektrische) und Schupp (elektroakustische) vorgenommen worden [5]. Auf dem Acker ist jedoch der Einsatz dieser technischen Hilfsmittel kaum denkbar und wurde deshalb nicht in Betracht gezogen, zumal die gewonnenen Aussagen ausreichen dürften als Ausgangspunkt für Überlegungen, in welcher Weise konstruktive Änderungen am Sämechanismus von Einzelkornsämaschinen vorzunehmen sind.

Zur Deutung der Ablage eines Teiles der Körner innerhalb der Wurfweite S sei die Vermutung des Rückpralles [9] angeführt, die jedoch nicht bewiesen werden konnte. Darüber hinaus können geringfügige weitere Verschiebungen der Wuchsstelle durch seitliches Auswachsen der Pflanze infolge unterschiedlichen Bodenwiderstandes verursacht werden. VERRES testete das seitliche Wuchsvermögen von Rübenkeimlingen und ermittelte noch bei 1,5 cm seitlichem Wuchszwang einen 30%igen Aufgang [11]. Auch der Einfluß von Zustreichern und insbesondere Druckrollen, die in der offenen Saatrinne laufen, führt zu weiteren Verschiebungen der Ablageabstände [8]. Alle diese letztgenannten Faktoren stehen jedoch im Ausmaß ihrer Wirkung offensichtlich weit hinter dem negativen Einfluß der Roll- und Prallbewegungen auf die Gleichmäßigkeit der Kornablage zurück. Ihre Quantifizierung muß, falls überhaupt von Interesse, weiteren Untersuchungen vorbehalten bleiben.

5. Technische Möglichkeiten zur Verhinderung der Roll- und Prallbewegungen

Aus den Untersuchungen geht hervor, daß mit wachsender Horizontalkomponente der Korngeschwindigkeit im Auftreffpunkt auch die Prallvorgänge in der Saatrinne zunehmen.
Gelingt es jedoch, das Korn trotz hoher Fahrgeschwindigkeit der Maschine senkrecht zum Boden fallen zu lassen, so bleibt eine nennenswerte Verrollung aus. Ein senkrechter Fall zum Boden kann allerdings nur erreicht werden, wenn das Korn mit einer der Fahrgeschwindigkeit entgegengerichteten, aber ihrer Größe gleichen Geschwindigkeit ausgeworfen wird. Der naheliegende Gedanke, die Umfangsgeschwindigkeit des Zellenrades so zu steigern, daß sie die Fahrgeschwindigkeit erreicht, scheitert an der bei dieser Geschwindigkeit völlig ungenügenden Zellenfüllung bei herkömmlichen Systemen. Versuche, die Körner nach dem Austritt aus der Sämaschine durch einen Luftstrom im beschriebenen Sinne zu beschleunigen, schlugen fehl, da die unterschiedlichen Flugeigenschaften und unregelmäßigen Kornformen zu allzugroßen Verschiebungen in der Kornfolge während der Wurfphase führten.
Hauptelement einer technischen Lösung wird in jedem Fall ein Säorgan sein, das mit relativ geringer Füllgeschwindigkeit die Körner aus dem Saatgutvorrat entnimmt, sie innerhalb der Maschine beschleunigt und dann umgekehrt zur Fahrtrichtung mit Fahrgeschwindigkeit abwirft. Hierzu existieren konkrete Vorstellungen, die sich bereits im Bau von Einzelkornsämaschinen niederzuschlagen beginnen, auf die jedoch in diesem Rahmen nicht eingegangen werden soll. Grundforderung auch gegenüber dieser technischen Neuerung muß freilich ein ökonomischer Nutzen sein, der eventuelle Mehrkosten gegenüber bekannten Lösungen rechtfertigt.

6. Zusammenfassung

Zur Vereinfachung der Untersuchungen hinsichtlich der Ablagegenauigkeit bei Einzelkornsämaschinen wird der Sävorgang in Füll-, Abgabe-, Wurf- und Prall-Phase gegliedert. Zu den genannten Phasen wird der Werdegang wissenschaftlicher Erkenntnis und ihrer praktischen Anwendung geschildert. Hauptanliegen

der Untersuchungen ist die qualitative und quantitative Erfassung der Roll- und Prallvorgänge innerhalb der letzten Phase. Hierzu wurden mittels der Fotografie in Laborversuchen die bereits theoretisch bekannten Wurfbahnen der Körner beim Sävorgang fixiert. Die quantitative Bestimmung des Verrollungsausmaßes erfolgte im Feldversuch mit Hilfe einer Säeinheit, die mit einer Registriervorrichtung ausgestattet war.
Im Resultat der Untersuchung wird herausgestellt, daß die Roll- und Prallbewegungen — in Sonderheit bei höheren Fahrgeschwindigkeiten — die Ablagegenauigkeit von Einzelkornsämaschinen stark negativ beeinflussen. Eine technische Lösung der Kornverrollungen bietet sich in der Abgabe der Körner in relativer Ruhe zum Boden an.

Резюме

Чтобы упростить исследования о равномерности распределения семян пунктирными сеялками, весь процесс высева подразделен на четыре фазы: фаза заполнения ячеек, фаза опорожнения ячеек, фаза падения семян до дна борозда, фаза отскакивания и перекатывания семян в борозде. По указанным фазам описывается историческое развитие теоретических представлений и применение их на практике. Первоочередняя цель исследований — качественная и количественная характеристика процессов отскакивания и перекатывания семян в течение последней фазы. Для этого в лабораторный опытах зафиксировались на фотоснимках теоретически уже известные траектории семян при высеве. Количественное определение степени перекатырания производилось в полевых опытах с помощью высевающего апарата, снабженного регистрирующим устройством.
В результате исследований подчеркивается, что процессы, связанные с отскакиванием и перекатыванием семян — в особенности при повышенных поступательных скоростях сеялки — отрицательно влияют на равномерность распределения семян пунктирными сеялками. Как техническое решение проблемы предупреждения перекатывания и отскакивания семян предлагается внесение семян в почву в состоянии относительного покоя по отношению к почве.

Summary

To simplify the researches on the precision of the placement of seeds by precision-drills the process of sowing is devided in four phases: filling, discharge, throw and bounce. For these phases the development of scientific knowledge and their practical use are described. It has been the main problem of the researches to determine the quantity and the quality of the rolling and bouncing of the seed during the last phase of placement. For this the theoretical already known trajectories of seed during the sowing process have been fixed by means of photography in laboratory tests. For the quantitative determination of the extent of the rolling motion of the seed field tests with a drilling unit, which was fitted with a registering device, have been carried out.

As result of the researches it is stated that the rolling and bouncing motions have a strong negative influence on the presicion of the placement of the seed by precision-drills, especially at higher speeds of travel. A technical solution to prevent the rolling motions of the seed is offered by discharging the seeds at a relative speed to the soil, which is null.

Literatur

[1] BASIN, W. S.: Einzelheiten zur Theorie des Prozesses der Einzelkornsaat. Arbeiten des Ukrain. wiss. Forsch.-Inst. für Landmaschinenbau. Ausgabe II, Charkow 1965, S. 20

[2] BRINKMANN, W.: Einzelkornablage von aufbereitetem Rübensaatgut. Landtechn. Forsch. (1956) Nr. 5. S. 125

[3] BRINKMANN, W.: Zuckerrübensaatgut und Sägeräte. Landtechnik 1961, Nr. 5. S. 12

[4] BRINKMANN, W.: Vereinzelungsloser Zuckerrübenanbau. Landtechn. Forsch. (1963) Nr. 5, S. 131

[5] EVERS, P. N.: Untersuchungen zur Längsverteilung von Rübensamen in der Saatrinne. Diss. Bonn 1962

[6] FISCHER, G.: Einzelkornsämaschinen. Techn. in Landwirtsch. 1923, S. 77

[7] FRITZSCH, K.: Zur technischen Aufbereitung des Saatgutes von Beta-Rüben für die Einzelkornsaat in der Sozialistischen Landwirtschaft. Habilschrift, Halle/Saale 1965

[8] KNOLLE, W.: Untersuchung der Grundlagen für Präzisionssaat und Möglichkeiten zur Verwirklichung — demonstriert an einer neuen Präzisions-Sämaschine. I.I.R.B.-Bericht. 29. Winterkongreß. Brüssel 1966

[9] KOROBEINIKOW, A. T.: Über die Erhöhung der Aussaatgenauigkeit. Mechanizacija i ėlektrifikacija socialisticeskogo sel'skogo chozjajstva, Moskva 22 (1964) Nr. 6, S. 12—13

[10] RICHTER, G.: Untersuchung des Auswurfvorganges bei der Einzelkornsämaschine A 765—2,5 m. Dipl.-Arbeit. Inst. für Landmaschinentechn. TU Dresden

[11] VERRES, G.: Grundlagen für die Verbesserung des Aufganges von Rübensaatgut durch geeignete Sä- und Pflanzgeräte. Diss. Bonn 1962. (S. 118 mit 48 Abb.)

Arch. f. Landtechnik · Bd. 6 · 1967 · H. 1 · S. 63–93 · Berlin

Aus dem Institut für Mechanisierung der Hochschule für Landwirtschaft Bernburg

HORST PETERSDORFF

Die technischen Möglichkeiten und Voraussetzungen für den Behältertransport in der Landwirtschaft

Eingegangen: 20. März 1966

1. Aufgabenstellung

Lade- und Umschlagarbeiten nehmen einen hohen Anteil am Gesamtaufwand des landwirtschaftlichen Transports ein und beeinflussen somit erheblich die Transportleistung. Vom Mechanisierungsgrad dieser Arbeiten wird deshalb der Erfolg anderer Maßnahmen zur Verbesserung der Transportleistung wie Steigerung der Transportgeschwindigkeit und Erhöhung der Lademasse stark abhängen. Von den vielfältig vorhandenen technischen Möglichkeiten zur Mechanisierung der Lade- und Umschlagarbeiten wurde der im allgemeinen Verkehrswesen weit verbreitete Einsatz von Behältern und Paletten in der Landwirtschaft bisher wenig genutzt. Die Ursachen dafür sind darin zu suchen, daß bei der Entwicklung des allgemeinen Behälterverkehrs die spezifischen Belange der Landwirtschaft nicht berücksichtigt wurden und wegen ihrer anfänglich unzureichenden Transportmechanisierung nicht berücksichtigt werden konnten. Deshalb war es notwendig, die mit dem Einsatz von Behältern und Paletten verbundenen Probleme beim landwirtschaftlichen Transport zu untersuchen und besonders die technischen Möglichkeiten und Voraussetzungen zu ermitteln [11; 12].

Obwohl bei der Entscheidung über die Eignung des Behältertransports ökonomische Fragen eine sehr große Rolle spielen, sollen in dieser Abhandlung vorwiegend technische Gesichtspunkte berücksichtigt werden.

2. Vorhandene technische Grundlagen des Behältertransportes

2.1. Begriffsbestimmung

Als Behälter (Transportbehälter) werden nach DUNGER [2], MAYERCORDT [9] und anderen Autoren [3; 13; 15] im allgemeinen Verkehrswesen solche Transportgefäße bezeichnet, die vorwiegend dem Transport und Umschlag dienen und dafür besonders ausgerüstet sind. Im Gegensatz zur üblichen Verpackung sind sie ausschließlich von dauerhafter Beschaffenheit und je nach Größe (Nutzvolumen mindestens 1 m^3) und Bauart mit Türen, Klappen, Fenstern, Einfüll- und Entleerungseinrichtungen, Kranösen, Rollen, Unterfahreinrichtungen ausgerüstet. Dadurch ist ein leichtes Füllen und Entleeren sowie ein schneller Wechsel von einem Transportmittel auf ein anderes möglich. Für den Umschlag muß in jedem Falle ein mechanisches Hilfsmittel eingesetzt werden.

Funktionell kommt ihnen die Aufgabe zu, größere Ladeeinheiten zu bilden, die mit mechanischen Hilfsmitteln ohne unmittelbare Handhabung des Ladegutes bei den verschiedensten Ladevorgängen manipuliert werden können. Dadurch unterscheiden sie sich auch von den fest auf Fahrzeugen montierten Tanks u. ä. Behältern, die lediglich die Ladung aufnehmen, aber nicht zum Umschlag selbst dienen können. Dies trifft für Milchtankwagen, Tankwagen für Kraftstoff, Zementtransportwagen, Fäkalienwagen u. ä. zu. Auch die von GROTH [5] beschriebenen Kornbunker zum Abtransport von Mähdruschgetreide können nicht Behältern im Sinne der Transportfunktion zugeordnet werden, da sie mit dem Fahrzeug verbunden sind und das Ladegut nur durch Verlassen des Behälters das Transportmittel wechseln kann. Das gleiche gilt für die zu Futtermitteltransporten eingesetzten Behälterfahrzeuge und für Silozementbehälter, die zur Kalkausbringung verwendet werden [7; 1]. Letztere haben neben ihrer Transportfunktion noch die einer Arbeitsmaschine zu erfüllen, da sie die Verteilarbeit der sonst eingesetzten Düngerstreuer übernehmen.
Behälter sind demnach Transporthilfsmittel, die durch Zusammenfassen des Ladegutes zu größeren Ladeeinheiten und unter Hinzuziehen von mechanischen Hilfsmitteln den Umschlagvorgang beim Wechsel des Transportmittels wesentlich beschleunigen und dabei das Ladegut vor Verlust und Beschädigungen weitgehend schützen. Als rationalisierendes Element haben sie besonders dort Bedeutung, wo das Transportgut auf dem Wege vom Versender zum Empfänger mehrmals das Transportmittel wechseln muß und außerdem durch eine hohe Empfindlichkeit des Gutes ein hoher Verpackungsaufwand bei herkömmlichem Transport erforderlich wäre.

2.2. Behälterbauarten

2.2.1. Großbehälter

Als Großbehälter bezeichnet man Behälter mit einer Bruttomasse von 5 t [2; 4; 9; 17]. Bei einer Bruttomasse >5 t spricht man von Großraumbehältern. Großbehälter werden nach ihrem Verwendungszweck in *Universal-* und *Spezial*behälter eingeteilt. Universalbehälter sind vielseitig verwendbar und für eine größere Anzahl von Transportgütern geeignet, Spezialbehälter sind dagegen nur für eine Gutartengruppe oder eine spezielle Gutart vorgesehen.
Geschlossene *Universal*behälter werden hauptsächlich für nässeempfindliche Stückgüter aller Art verwendet. Auch Obst und Gemüse sowie verschiedene andere Lebensmittel können mit ihnen transportiert werden, sofern sie mit besonderen Entlüftungseinrichtungen oder mit Kühlaggregaten ausgerüstet sind.
*Spezial*behälter werden in offener und geschlossener Form u. a. als Schüttgutbehälter eingesetzt. Die offene Form eignet sich für den Transport von nicht nässeempfindlichen Gütern, wie Baumaterialien (außer Zement), Koks, Kohle, Briketts. In der geschlossenen Form können nässeempfindliche Güter, z. B. Branntkalk, Zement, Getreide und Düngemittel transportiert werden.

In der DDR sind 5-t-Universalbehälter und geschlossene und offene Schüttgutbehälter entwickelt worden [17] (Abb. 1).

Abb. 1: Schüttgutbehälter auf R-Wagen mit Drahtverzurrung

Technische Daten des Schüttgutbehälters:

Länge	2100 mm	Taramasse	
Breite	1300 mm	offene Bauform	630 kg
Höhe	1950 mm	geschlossene Bauform	740 kg
Nettovolumen	4,2 m³	maximale Nettomasse	
zulässige Bruttomasse	5000 kg	offene Bauform	4370 kg
		geschlossene Bauform	4260 kg

Diese Behälter sind für das Hubsystem vorgesehen und haben außer Kranösen noch Vorrichtungen zum Transport mit schweren Gabelstaplern. Zum Füllen und Entleeren sind sie mit Türen und Klappen ausgerüstet. Ösen an den Seiten und am Boden dienen zum Befestigen von Verzurrungseinrichtungen. Beim geschlossenen Behälter ist eine durch Klappen verschließbare Einfüllöffnung von 1200 mm × 800 mm vorhanden.

2.2.2. Mittelbehälter

Mittelbehälter haben eine Bruttomasse von 2,5 t und ein Nutzvolumen von etwa 5···6,5 m³. Behälter dieser Größe werden sehr häufig zum Transport industrieller Güter in der Sowjetunion eingesetzt. In der DDR läuft gegenwärtig die Produktion an.

Die Abmessungen dieses Behälters betragen:

Länge	2100 mm
Breite	1300 mm
Höhe	2250 oder 2500 mm

2.2.3. Kleinbehälter

Als Kleinbehälter werden alle Behälter mit einer Bruttomasse bis zu 1,25 t und einem Nutzvolumen von 2 m³ bezeichnet. Nach der Klassifizierung in westlichen Ländern sind drei verschiedene Größen von 1; 2 und 3 m³ mit einer Lademasse von 0,75···1 t vorhanden [9]. Diese Behälter sind mit einem Rollenfahrgestell versehen und lassen sich zum Umschlag über kurze Strecken im innerbetrieblichen Verkehr verfahren. Sie kommen vornehmlich bei der Deutschen Reichsbahn im Post- und Speditionsdienst zum Einsatz.

2.2.4. Paletten

Nach der strengen Definition des Behälterbegriffes können Paletten nicht den Behältern zugeordnet werden. Da sie aber weitgehend die Funktion von Behältern ausführen — Bildung größerer Ladeeinheiten, Laden und Umschlagen ohne Behandlung des Transportgutes, bei bestimmten Bauarten auch Schutz des Gutes — werden sie in die Betrachtungen mit einbezogen.
Paletten werden in verschiedenen Bauarten hergestellt. Die einfachste davon ist die Flachpalette (Abb. 2). Andere Ausführungen sind mit Gittern, Seitenwänden, Rahmen oder Gestellen versehen und werden als Boxpaletten be-

Abb. 2: Flachplatte aus Holz

zeichnet. Für die Herstellung von Paletten werden Holz, Stahl, Leichtmetall, Preßstoff oder Hartpappe verwendet [10] (Abb. 3). Bei Flachpaletten ist die Ausführung in Holz am häufigsten anzutreffen.

Abb. 3: Boxpalette für Gemüse, Obst und Kartoffeln (VEB Gerätebau Großbeeren)

Zur Anpassung an die Abmessungen der Transportmittel und zur günstigen Ausnutzung des Lagerraumes sind Paletten weitgehend standardisiert [3]. Als verbindliche Größe wird für die Standfläche das Einheitsmaß von 800 × 1200 mm bevorzugt. Flachpaletten aus Holz haben bei diesen Abmessungen eine Eigenmasse von etwa 25 kg und eine Tragfähigkeit von 1000 kp. Boxpaletten weisen dieselben Grundmaße und dieselbe Tragfähigkeit auf.
Auf Paletten können Stückgüter, gesackte Ware und alle Arten von Kisten und Kartons gestapelt und mit Hilfe mechanischer Hubmittel bei den Be- und Entladevorgängen als größere Ladeeinheit bewegt werden. Paletten lassen sich auch für die Lagerung verwenden. Durch Stapeln von 3 ··· 5 Boxpaletten ist eine wesentlich bessere Raumausnutzung und Übersichtlichkeit der Lagerräume zu erreichen. Auch Flachpaletten sind zum Stapeln geeignet, sofern das Gut ein Übereinandersetzen gestattet. Bei Kisten und Säcken ist dies ohne weiteres möglich.

2.3. Behälterumschlagsysteme

2.3.1. Das pa-System

Die Bezeichnung des Systems ist die Abkürzung für „porteur aménagé“, was soviel wie hergerichteter Träger bedeutet [9]. Dieses System setzt sich aus drei Einheiten zusammen: den pa-Behältern, den Behälter-Tragwagen der Eisenbahn und den Spezial-Straßentransportfahrzeugen.

Pa-Behälter sind für die Umschlagvorgänge mit Rollen ausgerüstet. Dadurch erhalten sie eine geringe Eigenbeweglichkeit und können beim Umschlag von einem Transportmittel auf ein anderes mit Übernahmevorrichtungen umgesetzt werden.
Die Behältertragwagen der Eisenbahn sind für die Aufnahme der Behälter mit U-Schienen ausgerüstet. Die Schienen sind quer zur Längsachse des Waggons angeordnet, so daß 3, 4 oder 5 Großbehälter aufgenommen werden können.
Das Spezial-Straßenfahrzeug als dritte Einheit in diesem System hat die Aufgabe, den Behältertransport vom Absender zum Empfänger zu übernehmen und dabei alle mit dem Umschlag zusammenhängenden Vorgänge einschließlich des Aufnehmens, Absetzens und ggf. des Ausschüttens der Behälter auszuführen.
Der Vorteil bei diesem System liegt darin, daß die Behälter vom Hofe des Absenders abgeholt und nach dem Versand über den Schienenweg zum Empfänger transportiert werden können, ohne daß bei den Beteiligten eine Krananlage vorhanden sein muß.

2.3.2. Das Hubsystem

Beim Hubsystem werden Großbehälter mit stationären und fahrbaren Hebezeugen umgeschlagen. Dazu sind Bock-, Portal- oder Autokräne geeignet. Auch Gabelstapler mit großer Hubkraft lassen sich für den Behälterumschlag verwenden. Zum Heben müssen die Behälter mit Kranösen versehen sein. Rollen und die dazu notwendigen Laufschienen und Halterungen fallen fort. Dadurch sind sie weniger störanfällig und billiger in der Herstellung. Zum Transport können normale Straßenfahrzeuge verwendet werden.
Wegen dieser Vorzüge wurde in der DDR das Hubsystem für den Großbehälterverkehr verbindlich eingeführt.

2.3.3. Das Huckepacksystem

Die vorstehend genannten Umschlagsysteme sind nur für den Großbehälterverkehr mit 5 t Bruttomasse geeignet. Sogenannte Großraumbehälter über 5 t Bruttomasse bis zum Volumen einer Waggonladung werden als Sattelauflieger auf großen LWK transportiert und auf Eisenbahnwaggons übergesetzt [6].
In den USA wird der Huckepackverkehr mit großem Erfolg beim Transport von Citrusfrüchten von Florida nach Baltimore, Philadelphia und New York eingesetzt [14]. Ihre Wirtschaftlichkeit ist nur beim Transport über größere Entfernungen gegeben.

2.3.4. Hubmittel für Paletten

Als Hubmittel für Paletten dienen Gabelstapler der 0,6-Mp- und 1-Mp-Klasse, bei kranbaren Paletten auch Hebezeuge. Für reine Flurförderung (ohne Hubarbeit) werden Gabelhubwagen eingesetzt. Gabelhochhubwagen lassen sich manuell bewegen, können aber auch mit einer von Hand zu betätigenden Hydraulik zum Stapeln eingesetzt werden. Hubmittel dieser Art benötigen eine feste und glatte Fahrbahn und finden daher vorwiegend in Lagerräumen und auf befestigten Werkhöfen Verwendung.

2.4. Vorteile des Behältertransports

Durch die Bauart der Behälter und ihre wesentliche Funktion — wie Bildung größerer Ladeeinheiten, mechanisierter Umschlag ohne Behandlung des Transportgutes — entsteht eine Reihe von Vorteilen, deren bedeutendste nachstehend aufgeführt werden sollen:

volle Mechanisierung der Ladearbeiten,
weitgehender Schutz des Ladegutes und somit Senkung der Transportverluste,
Einsparung von Verpackung,
kürzere Standzeiten der Transportmittel durch schnelleren Umschlag,
bessere Raumausnutzung, Übersicht und Kontrolle bei der Lagerhaltung,
bessere Mechanisierung der Lagerarbeiten,
Steigerung der Arbeitsproduktivität,
Senkung der Transportkosten.

Die Vorteile des Behältertransports kommen besonders dann zur Geltung, wenn das Gut auf dem Wege vom Absender zum Empfänger mehrmals das Transportmittel wechseln muß (sog. gebrochener Transport) und eine geschlossene Transportkette möglichst von der Produktionsstätte bis zum Verbraucherort vorliegt. Weiterhin hat sich die Verwendung von Behältern aus den Erfahrungen des allgemeinen Verkehrswesens besonders dort als vorteilhaft erwiesen, wo durch die Schutzfunktion ein hoher Anteil an Verpackung eingespart werden kann [2].

3. Untersuchungen und Versuche zur Einführung des Behältertransports in der Landwirtschaft

3.1. Voraussetzungen und Anforderungen der Landwirtschaft an den Behältertransport

Die beim allgemeinen Verkehrswesen vorliegenden Erfahrungen mit dem Behältertransport können infolge seiner anderen technischen Basis, anderer Transporttechnologie und der voneinander abweichenden Eigenschaften der Transportgüter nicht ohne Einschränkung für die Landwirtschaft übernommen werden. Diese Einschränkungen ergeben sich aus dem strukturellen Aufbau des landwirtschaftlichen Transports und werden von folgenden Voraussetzungen bestimmt:

Ein Teil der landwirtschaftlichen Transportgüter sind Massengüter mit z. T. sperriger Beschaffenheit, die sich nur bedingt oder gar nicht für den Behältertransport eignen.

Landwirtschaftliche Erzeugnisse sind atmende Substanzen und benötigen einen Luftwechsel im Transportgefäß. Außerdem sind sie gegen Feuchtigkeit, Sonneneinstrahlung, Frost und mechanische Einwirkung empfindlich und müssen dagegen besonders geschützt werden.

Der innerbetrieblich anfallende Transport läuft nur über kurze Strecken und unmittelbar zwischen Be- und Entladestelle ab, so daß der den Behältertransport begünstigende Wechsel des Transportmittels entfällt.

Hubgeräte mit großer Tragkraft zum Umschlag von Großbehältern sind in der Landwirtschaft nicht vorhanden und auch nicht wirtschaftlich zu nutzen.

Der Einsatz von Gabelstaplern für den Plattentransport — mit Ausnahme von Zusatzgeräten für Traktoren — ist nur auf festen Fahrbahnen und deshalb nicht auf dem Felde möglich. Ihre Ausnutzung ist nur in Verbindung mit größerer Lagerhaltung (Obst-, Gemüse- und Kartoffellager) gewährleistet.

Der saisonbedingte Anfall an landwirtschaftlichen Erzeugnissen läßt keine kontinuierliche Ausnutzung eines vorgegebenen Behälterbestandes zu. Der auftretende Spitzenbedarf müßte von anderen Volkswirtschaftszweigen vorgehalten und zwischenzeitlich anders genutzt werden.

Danach leiten sich die Möglichkeiten zum Einsatz von Behältern für landwirtschaftliche Transporte im wesentlichen aus den Guteigenschaften und den technischen Voraussetzungen ab. Diese sind zur Erschließung des Behältertransports für die Landwirtschaft von ausschlaggebender Bedeutung und waren deshalb Gegenstand einer Untersuchung, deren Ergebnisse im folgenden dargestellt werden.

3.2. Versuche mit Behältern

3.2.0. Be- und Entladen bei geschlossenen Waggons

Durch analytische Untersuchungen des landwirtschaftlichen Transportprozesses wurden Lücken in der Mechanisierung des Entladens von Dünegmitteln und des Be- und Entladens von Speise- und Pflanzkartoffeln beim Waggontransport festgestellt. Düngemittel und Kartoffeln konnten bisher aus geschlossenen Waggons nur mit Schrappern entladen werden, deren Bedienung mit erheblicher physikalischer Belastung der Arbeitskräfte verbunden ist. Außerdem verursacht die Entladung von Speisekartoffeln mit Schrappern starke Beschädigungen, die den Gebrauchswert der Ware herabsetzen. Unter diesem Gesichtspunkt erschien eine Untersuchung über den Einsatz von Großbehältern zum Düngemittelumschlag und Kartoffeltransport als lohnend, zumal im Hinblick auf die zu erwartende Ausdehnung des Großbehälterverkehrs in der allgemeinen Wirtschaft günstige Aussichten für die Einschaltung der Landwirtschaft in dieses Transportsystem bestehen.

3.2.1. Düngemitteltransport mit Großbehältern

3.2.1.1. Versuchsdurchführung

Für die Versuche wurden 5-t-pa-Schüttgutbehälter mit einen Nutzvolumen von 7,3 m³ und Großbehälter der Neuentwicklung mit 4,2 m³ Nutzvolumen eingesetzt. Als Hubmittel diente ein 5 Mp-Portalkran des VEB Baumechanik Barleben.

Vor der Aufnahme der Versuche mußte die Entleerung der Behälter technisch gelöst werden, da Behälter mit Bodenentleerung nicht vorhanden waren und auch im Ausland nicht bekannt sind. Dazu wurde eine Hilfslaufkatze entwickelt, wodurch in Kopplung mit dem Elektrozug des Kranes eine Zusatzaufhängung angebracht werden konnte (Abb. 4). Mit Hilfe dieser Zusatzeinrichtung läßt sich der Behälter nach Aushub in Maximalhöhe an einer Stirnseite festlegen, wodurch er nach Absenkung des Hubseils in Kippstellung ge-

Abb. 4: Großbehälter an Elektrozug mit Hilfslaufkatze hängend

bracht werden kann. Durch Öffnen des Verschlusses der Stirnwandtür mit einer Stange kann das Gut herausrutschen (Abb. 5). Nach dem Entleeren wird der Behälter ausgehoben, von der Zusatzaufhängung gelöst und wieder auf den Waggon abgesetzt. Nach diesem Prinzip wurden Branntkalk und Kali umgeschlagen.

Zum Beladen blieben die Behälter auf dem Waggon. Die Befüllung erfolgte in den Düngemittelwerken mit Förderbändern, wobei die Waggons jeweils um

Abb. 5: Großbehälter in Kippstellung bei der Entladung von Branntkalk

die Behälterbreite gerückt werden mußten. Bei der Entladung rutschte selbst an der Oberfläche verhärtetes Kali bei einem Schüttwinkel von 42···45° einwandfrei heraus. Durch wiederholtes Anheben und Senken des Behälters sowie Verschieben des Kranes in Fahrtrichtung des Transportfahrzeuges konnte eine gleichmäßige Beladung der Ladefläche erreicht werden.

In einem weiteren Versuch wurden die neu entwickelten Schüttgutbehälter erprobt (Abb. 1). Außer den neuen Behältern sollte in dem Versuch eine neue Zusatzaufhängung eigener Konstruktion erprobt werden. Es wurde ein Haken mit Federzug verwendet, der mit einer Stange vom Boden aus in eine Öse im Behälterboden eingehängt werden kann. Dadurch ist es möglich, daß eine AK die Zusatzaufhängung einhängen und lösen kann, ohne dazu das Transportfahrzeug besteigen zu müssen.

Als Transportgut wurde Mg-Phosphat mit einer maximalen Korngröße von 1 mm und einer Dichte von 1,5 t/m³ eingesetzt. Das Düngemittel wurde im Werk mit einem Förderband in die Behälter gefüllt. Es entstanden Schwierigkeiten durch die Teilung der Ladung auf 4 Behälter gegenüber zwei Schüttkegeln beim Verladen in O- oder G-Wagen. Der eingesetzte R-Wagen konnte nicht mit beiden Achsen zugleich, sondern nur indirekt gewogen werden, wobei für jede Achse Einzelwägungen vorgenommen werden mußten. Dadurch trat eine unterschiedliche Beladung der Behälter auf, die zwischen 2,75 und 5,6 t lag.

Zum Transport wurden die Behälter behelfsmäßig mit Draht verzurrt und zusätzlich verkeilt. Für den Leerguttransport hat sich diese Verzurrung als unbrauchbar erwiesen, da zwei der Behälter losgerissen und verschoben waren. Beim Entladen mußten die Behälter zunächst von der Drahtverzurrung gelöst werden, wozu ein Zeitaufwand von 80 AKmin benötigt wurde. Die Verkeilung brauchte nicht entfernt zu werden. Der Umschlag des Ladegutes auf Straßenfahrzeuge sollte wie im ersten Versuch erfolgen.

Durch Störungen an der Krananlage konnte die Zusatzaufhängung nicht erprobt werden. Die Behälter wurden deshalb nur durch einseitiges Anhängen an zwei Ösen entleert (Abb. 6). Bei dieser Art der Entleerung stellte es sich heraus, daß der damit zu erreichende Kippwinkel zu klein ist, um den Behälter vollständig zu entleeren. Durch Klopfen und Herauskratzen mit Schaufeln mußte der verbliebene Rest entfernt werden. Der maximale Schüttwinkel von 42° stellt sich erst nach Entleeren einer größeren Menge Ladegut durch Schwerpunktverlagerung ein. Als weiterer Nachteil traten bei dieser Aufhängung Schwingungen und Drehbewegungen des Behälters auf, die nicht von einer AK abgefangen werden konnten.

Abb. 6: Großbehälter der Neuentwicklung, einseitig aufgehängt in Kippstellung

Aufgetretene Undichtheiten der Behälter und das noch ungelöste Problem der Verzurrung gaben Anlaß, den Versuch nicht zu wiederholen.

3.2.1.2. Ergebnis der Versuche

Aus der Beobachtung des Schüttvorganges geht hervor, daß nur gut rieselfähige Düngemittel auf dem Wege des Kippens aus Behältern entleert werden können. Dazu ist bei den neuentwickelten Schüttgutgroßbehältern eine Zusatzaufhängung zum Erreichen eines größeren Schüttwinkels notwendig.
Zusammenbackende und verhärtende Düngemittel sind für den Großbehältertransport ungeeignet.
Die Korrosion durch Düngemittel an Behältern konnte nicht untersucht werden, da hierzu längere Versuchsreihen notwendig sind. Es ist aber mit Sicherheit anzunehmen, daß die Einwirkung stark ist und besonders Schutzmaßnahmen getroffen werden müssen.
Die bei dem Versuch verwendete Verzurrung und Verkeilung ist für das Verfahren des Behälterumschlages ungeeignet. Allein der Aufwand von 80 AKmin für das Lösen der Drahtverzurrung dürfte von vornherein jeden arbeitswirtschaftlichen Vorteil ausschließen.
Das Füllen der Behälter in den Düngemittelwerken bereitet durch das häufige Rücken der Waggons Schwierigkeiten. Schleudermechanismen für hohe Leistung zum Füllen von G-Wagen lassen sich für Behälter nicht verwenden.
Das Prinzip der durchgehenden Transportkette läßt sich bei diesem Umschlagverfahren nicht verwirklichen. Die Behälter könnten zwar auf ein als Hinterkipper ausgerüstetes Transportfahrzeug gesetzt und erst am Lagerort ausgekippt werden. Der dazu notwendige Aufwand für das Festlegen auf dem Fahrzeug wäre allerdings sehr hoch und würde keinen Vorteil gegenüber der Loseladung darstellen. Außerdem müßte eine zusätzliche Totlast transportiert werden. Die Transportkette mit Behältern ist demnach beim Umschlag zwischen Bahnwagen und Straßenfahrzeug beendet. Eine durchgehende Transportkette vom Düngemittelwerk bis zum Acker oder Grünland ist durch die größtenteils notwendig werdende Zwischenlagerung in den Handels- und Landwirtschaftsbetrieben nicht möglich. Der Vorzug des Behältertransports beim Umschlag von Düngemitteln muß sich daher aus dem beschleunigten Umschlag und den Möglichkeiten seiner Mechanisierung ergeben.
Ein Leistungsvergleich mit dem derzeitig in BHG eingesetzten 5-Mp-Barlebener Portalkran mit Greiferbetrieb läßt keine Überlegenheit in der Umschlagleistung erkennen (Tabelle 1). Die Gegenüberstellung zeigt, daß der Behälterumschlag mit dem 0,8-m^3-Greifer mit Verzurrung etwa gleiche Leistung aufweist. Er ist ihm nur überlegen, wenn der günstigste Fall ohne Verzurrungseinrichtung angenommen wird. Dagegen ist die Leistung des Kranes mit einem 2-m^3-Greifer auch dann noch um 4,7 t/h in der Gesamtzeit höher. Eine ähnliche Tendenz liegt im Arbeitszeitbedarf vor.
In den Kosten ist ebenfalls keine Überlegenheit des Behältertransports festzustellen. Aus dem Kostenvergleich (Tabelle 2) geht hervor, daß beim Einsatz

Tabelle 1
Umschlagleistungen des Barlebener 5-Mp-Portalkranes bei Kali im Greiferbetrieb und Behälterumschlag

Umschlaggerät AK-Bedarf	Leistungen T_{04}*	Leistungen T_{07}	Zeitbedarf T_{04}	Zeitbedarf T_{07}	Arbeitsaufwand T_{04}	Arbeitsaufwand T_{07}
	t/h		min/t		AK min/t	
1. Greifer, 0,8 m³, 2 AK	30,0	24,0	2,0	2,5	4,0	5,0
2. Greifer, 2,0 m³, 2 AK	57,6	46,0	1,04	1,30	2,08	2,6
3. 5-t-Schüttgutgroßbehälter, 4,3 t Nettomasse, 2 AK						
a) mit Verzurrung	28,8	23,0	2,08	2,6	4,16	5,2
b) ohne Verzurrung	51,6	41,3	1,16	1,45	2,32	2,9

* Als Abkürzung für die Teilzeiten wird der Buchstabe „T" mit rechts tiefgestellten Ziffern als Indizes verwendet. Für die Gliederung der gemessenen Zeit gelten folgende Abgrenzung der einzelnen Teilzeiten und folgende verbindliche Definition: T_1 = Grundzeit, T_2 = Hilfszeit, T_3 = Wartungs- und Einstellzeit, T_4 = Störzeit, T_5 = Vom Arbeiter abhängige Zeitverluste, T_6 = Vorbereitungs-, Abschluß- und Transportzeit, T_7 = die Verlustzeit, die nicht vom Untersuchungsobjekt oder den Bedienungskräften verursacht wird.
$T_1 + T_2 + T_3 + T_4 = T_{04}$ Durchführungszeit
$T_1 + T_2 + T_3 + T_4 + T_5 + T_6 + T_7 = T_{07}$ Gesamtzeit
(Zitiert aus: GÄTKE, R. u. G. MÄTZOLD: Begriffe und Kurzzeichen bei Prüfungen von Landmaschinen und Verfahren. Dtsch. Agrartechn. 13 (1963), Nr. 11, S. 519–520)

von Behältern zum Düngemittelumschlag im Vergleich zur Greiferentladung nur gegenüber dem 0,8 m³ Greifer Kostenersparnisse auftreten, sofern auf ein Verzurren der Behälter verzichtet werden kann. Dabei ist zu berücksichtigen, daß für die Behälter weder Leih- noch Frachtgebühren in die Kalkulation einbezogen wurden. Es muß aber damit gerechnet werden, daß die Deutsche Reichsbahn aus Gründen der Kostendeckung eine Gebühr von 4···8 MDN erhebt [17]. Damit wäre eine Tonne Düngemittel von vornherein mit etwa 1···2 MDN durch den Behälter belastet, was die Wirtschaftlichkeit des Systems für den Düngemitteltransport ausschließt.
Die Ergebnisse des Leistungs- und Kostenvergleiches zeigen, daß der Transport und Umschlag von Düngemitteln in Großbehältern gegenüber dem Losetransport in Wagenladungen und Kranentladung mit 5-Mp-Portalkränen keine

Tabelle 2
Kosten beim Umschlag von Düngemitteln mit Krangreifer und 5-t-Schüttgutgroßbehälter (ohne evt. Leihgebühren)

Art des Umschlages	Kosten je Waggonladung (17,2 t) MDN	Kosten je 1 t MDN/t
Greifer, 0,8 m³	12,74	0,74
Greifer, 2,0 m³	6,55	0,37
5-t-Behälter, mit Verzurrung	13,28	0,77
5-t-Behälter, ohne Verzurrung	7,41	0,43

entscheidenden Vorteile bringt. Beim Transport von Düngemitteln sollte deshalb der Greiferentladung der Vorzug gegeben werden.
Um auch feuchtigkeitsempfindliche Düngemittel aus G-Wagen entladen zu können, sind von der Deutschen Reichsbahn technische Voraussetzungen an den Waggons in Form von Schiebe- oder Klappdächern zu schaffen oder Selbstentladewagen einzusetzen.

3.2.2. Kartoffeltransport mit Großbehältern

3.2.2.1. Versuchsdurchführung

Da für das mechanisierte Entladen von Waggons bisher nur Schrapper mit den schon genannten Nachteilen zur Verfügung standen, war es naheliegend, die Verwendung von Großbehältern für den Kartoffeltransport zu untersuchen. Für den Versuch wurden pa-Behälter verwendet, da Behälter der Neuentwicklung noch nicht zur Verfügung standen.
Zum Beladen blieben die Behälter auf dem Waggon stehen, da auf den betreffenden Bahnstationen keine geeigneten Hubmittel zum Absetzen vorhanden waren. Die Kartoffeln wurden mit dem Verladeband T 215 in die Behälter gefördert. Dabei entstanden keine Schwierigkeiten.
Zum Schutz gegen Witterungseinflüsse wurden die Behälter mit Stroh und Silopapier und z. T. mit Planen abgedeckt. Außerdem sollte bei einer Sendung eine Auskleidung der Behälter mit Wellpappe das Berühren der Kartoffeln mit den Behälterwänden verhindern.
In den Versuchen konnte keine Durchfeuchtung des Ladegutes infolge Undurchlässigkeit der Behälterwände festgestellt werden. Lediglich unter den Planen war an der Oberfläche eine Schwitzschicht vorhanden, die auf die starke Abdichtung durch die Planen zurückgeführt werden kann.
Das Entladen der Behälter erfolgte nach demselben Prinzip wie bei den Düngemitteltransporten (Abb. 7).
Für das gesamte Lastspiel wurden bei der vorliegenden Ausrüstung je Behälter 7,3···7,7 min und je Tonne Ladegut 1,63 min benötigt. Durch Verbesserungen an der Zusatzaufhängung ließe sich die Zeit auf etwa 5 min je Behälter senken. Beschädigungen waren an den Kartoffeln trotz der anfänglichen Schütthöhe von 1,7 m nicht festzustellen.

3.2.2.2. Ergebnis des Versuches

Im Prinzip können Kartoffeln in Großbehältern transportiert werden, wenn Krananlagen zur Verfügung stehen. Dabei ist eine Vollmechanisierung des Umschlages mit geringem Zeitaufwand möglich.
Infolge fehlender Hubmittel in der Landwirtschaft ist nur ein Beladen der Behälter beim Stand auf dem Waggon möglich, wodurch keine Vorteile gegenüber der bisherigen Beladung der Waggons mit dem Verladeband T 215 entstehen.

Abb. 7: Großbehälter in Kippstellung beim Entladen von Kartoffeln

Beim Entladen der Behälter auf Straßenfahrzeuge treten keine nachweisbaren Beschädigungen auf, so daß die Qualität der Ware erhalten bleibt.

Eine Isolierung der Behälterwände gegen Frosteinwirkung ist mit gebräuchlichen Mitteln nicht oder nur mit unwirtschaftlichen hohem Aufwand herzustellen.

Die neu entwickelten 5-t-Schüttgutgroßbehälter haben für spezifisch leichte Transportgüter ein zu geringes Nutzvolumen. Gegenüber den nicht mehr produzierten pa-Schüttgutbehältern, die unter Berücksichtigung der Tragfähigkeit des Kranes etwa 4 t Nutzmasse aufnehmen können, läßt das Volumen der neuen Behälter bei Kartoffeln nur eine Nutzmasse von 2,6 t zu. Das bedeutet einen erhöhten Behälteraufwand und mehr Zeitbedarf für den Umschlag je Tonne.

Die Verwendung von Großbehältern verursacht Leertransporte im Verhältnis von 1:1 zur Ladung. Frachten anderer Art werden beim Abtransport der Behälter in die ländlichen Gebiete kaum vorhanden sein; es sei denn, daß örtlich bedingt ein Industriezweig damit Material transportiert.

3.2.2.3. Vergleich der Leistung und Kosten mit dem Netztransport

Die überbetriebliche Arbeitsgemeinschaft „Umschlagtechnologie für Obst, Gemüse und Kartoffeln" hat im Herbst 1963 erstmalig Versuche mit Netzen zum Kartoffelumschlag durchgeführt, deren Ergebnisse zum Vergleich mit Großbehältern herangezogen werden sollen [16]. Den Versuchen lag der Gedanke zugrunde, durch Verwendung von Netzen die Ladearbeiten, insbesondere das Entladen von Speisekartoffeln aus Waggons besser zu mechanisieren. Für die

Versuche wurden Netze mit 1 t Nutzmasse verwenet. Als Hubmittel dienten der hydraulische Schwenkkran T 157/2 und der selbstfahrende Lader T 172 (Abb. 8).

Abb. 8: Laden von 1-t-Netzen mit Kartoffeln auf Anhänger

Vergleicht man die mit Behältern verschiedener Bauart zu erreichende Umschlagleistung mit der des Netztransportes (Tabelle 3), so geht hervor, daß der Behältertransport in den Umschlagleistungen und im Arbeitszeitbedarf dem Netztransport überlegen ist. Auch in den Kosten (Tabelle 4) ist der Behältertransport bei ausreichendem Nutzvolumen dem Netztransport überlegen, wenn nicht zu hohe Leihgebühren erhoben werden. Trotz der höheren Umschlagleistung und den niedrigeren Kosten sind bei Kartoffeltransporten aus folgenden Gründen Netze den Behältern vorzuziehen:

Bei Verwendung von 1-t-Netzen (der T 174 könnte 2-t-Netze tragen) können alle notwendigen Hubarbeiten mit den in der Landwirtschaft vorhandenen Hubmitteln durchgeführt werden.

Leertransporte fallen durch das geringe Volumen und die niedrige Eigenmasse der Netze (10,7 kg) nicht nennenswert ins Gewicht.
Sicherungsmaßnahmen gegen Frosteinwirkung sind mit einfachen Mitteln wie bei der Loseverladung möglich.

Tabelle 3
Umschlagleistungen beim Kartoffeltransport mit Schüttgutgroßbehältern und Netzen beim Entladen vom Waggon auf LKW

Behälter	Zeitbedarf (T_{04}) je Behälter min	Fassungsvermögen des Behälters t	Zeitbedarf T_{04} in min/t	Benötigte AK	je Behälter AK min	AK min / t
5-t-pa-Schüttgutgroßbehälter	5*	4,3	1,16	2	10,0	2,32
5-t-Schüttgutgroßbehälter (Neuentwicklung)	5*	2,6	1,92	2	10,0	3,84
1-t-Netze, T 172	2,2	1,0	2,2	3	6,6	6,6

* ohne Zeitaufwand für Verzurrung

Tabelle 4
Kalkulierte Kosten bei Behälter- und Netzentladung von Kartoffeln

Behälter	Kosten MDN/t	relativ
5-t-pa-Schüttgutgroßbehälter 4,3 t Lademasse		
a) Leihgebühren 8,– MDN	2,20	100
b) Leihgebühren 4,– MDN	1,27	58
5-t-Schüttgutgroßbehälter (Neuentwicklung) 2,6 t Lademasse		
a) Leihgebühren 8,– MDN	3,64	165
b) Leihgebühren 4,– MDN	2,10	95
1-t-Netze	2,84	129

3.2.3. Gemüsetransport mit Paletten

3.2.3.1. Bau eines unter Feldbedingungen geeigneten Hubmittels

Die Versuche wurden mit dem Ziel durchgeführt, die beim Transport von Grobgemüse auftretende Handarbeit durch den Einsatz von Flach- und Boxpaletten zu mechanisieren und außerdem die Transportverluste einzuschränken.

Zur Ausführung der notwendigen Hubarbeiten mußte ein Hubmittel geschaffen werden, daß unter den Bedingungen des landwirtschaftlichen Einsatzes funktionsfähig ist, die notwendigen Hubkräfte und Hubhöhen aufbringt und in der Herstellung möglichst billig ist. Gabelstapler gebräuchlicher Bauart scheiden dafür aus, da sie nicht geländegängig sind und in einem Landwirtschaftsbetrieb nicht ausgenutzt werden können.
Entsprechend der Forderung nach Geländegängigkeit, geringen Kosten bei der Herstellung und Aufbringung der notwendigen Hubkräfte und Hubhöhen wurde zunächst für den Frontlader T 150 am RS 09 eine parallelgeführte Hubgabel gebaut, mit der Paletten aufgenommen und transportiert werden können (Abb. 9). Das Gerät besteht aus einer Hubgabel mit vier Tragbolzen und einer Parallelführung. Mit den beiden oberen Tragbolzen wird die Hubgabel in die Holme des Frontladers eingehängt. Die unteren Tragbolzen werden mit zwei Stangen verbunden, die am Tragbock angelenkt sind und die Parallelführung gewährleisten. Diese sehr einfache Vorrichtung hat aber im Zusammenhang mit der Auslegung des T 150 am RS 09 Nachteile durch zu schweren Gang der Lenkung und verminderte Zugfähigkeit infolge Entlastung der Hinterachse.

Abb. 9: Parallelhubgabel für Frontlader T 150

Die mit dem RS 09 gemachten Erfahrungen gaben Anlaß, nach anderen Möglichkeiten zu suchen. Zunächst bot sich ein von der RTS Brehna gebauter Hecklift an, der für den Traktor ITM entwickelt wurde und für den Obsttransport Verwendung fand. Das Gerät wurde nach eigenen Angaben so umgebaut, daß es für den Dreipunktanbau der Traktoren der RS 14/30-Serie paßte und außerdem das Mitführen eines Anhängers gestattete. Versuche mit diesem Gerät haben aber ergeben, daß die erforderliche Hubhöhe nicht erreicht werden konnte und Schwierigkeiten durch die starre Parallelführung auftraten. Die Hubhöhe betrug maximal 1100 mm und reichte für das Beladen eines Anhängers mit einer Plattformhöhe von 1260 mm nicht aus.

Abb. 10: Heckladegerät Bernburg, Gerät abgesetzt

Daraufhin wurde in eigener Entwicklung ein neues Gerät gebaut, das die angeführten Nachteile nicht mehr aufweist. Das Gerät mit derBezeichnung „Parallelheber als Heckanbaugerät für Traktoren mit Dreipunktanbau" — im folgenden „Heckladegerät" genannt — wird im Dreipunktanbau am Traktor angeschlossen und über die Traktorenhydraulik betrieben. Es hat eine Hubhöhe von 1950 mm und eine Hubkraft von 600 kp. Zur Sicherung gegen Herunterstürzen der Paletten beim Transport und zum Ausgleich von Unebenheiten beim Laden läßt es sich gegen den Traktor neigen (Abb. 10). Das Gerät ist so konstruiert, daß auch ein Anhänger mitgeführt werden kann und somit eine Ein-Mann-Arbeit bei Transport- und Ladearbeiten möglich ist (Abb. 11). Das Gerät hat sich in den später unternommenen Versuchen bewährt.
Trotzdem wird zukünftig ein Frontladegerät notwendig sein, da es bessere Arbeitsbedingungen für den Traktoristen bietet. Nach einem solchen Vorschlag (Abb. 12) soll das Gerät einen Neigungsausgleich haben, leicht auswechselbar sein und bei Bedarf schnell an- und abgebaut werden können. Die notwendige Geländegängigkeit läßt sich u. U. durch einen Zusatzfrontantrieb des Traktors erreichen.

Abb. 11: Heckladegerät Bernburg, Gerät mit gekoppeltem Anhänger

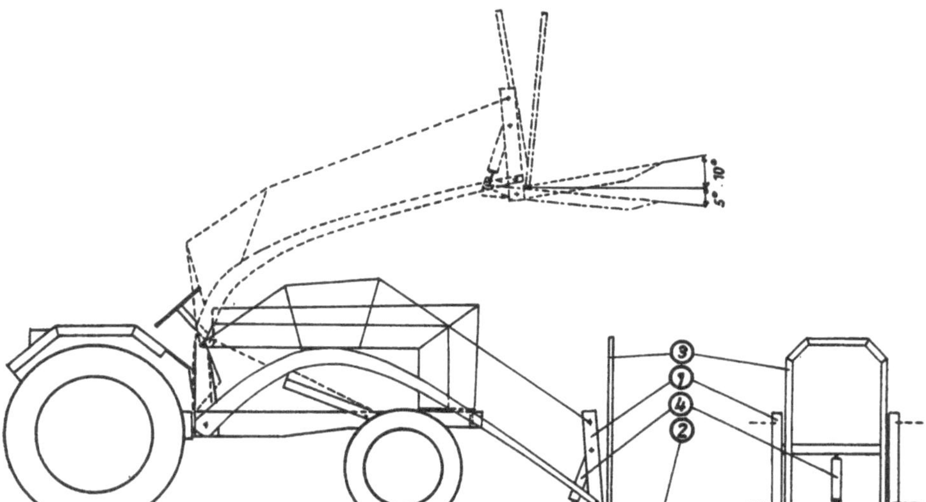

Abb. 12: Vorschlag einer parallelgeführten Hubgabel für Frontlader mit verstellbarer Neigung aus dem Inst. für Mechanisierung, Bernburg

1 Tragrahmen
2 Gabel
3 Schutzgitter
4 Arbeitszylinder

3.2.3.2. Versuche mit Paletten verschiedener Bauart

3.2.3.2.1. Sonderbauarten von Boxpaletten

In Zusammenarbeit mit dem VEB Gerätebau Großbeeren, dem Institut für Pflanzenzüchtung Groß-Lüsewitz, dem Institut für Handelstechnik Berlin und dem Institut für Gartenbau Großbeeren wurde bis zum Frühjahr 1963 eine Boxpalette entwickelt, die für Gemüse, Obst und Kartoffeln brauchbar sein soll. Bei der Deutschen Reichsbahn eingesetzte Boxpaletten eignen sich nicht für diese Zwecke. Die Palette besteht aus einem Grundgestell aus Winkelstahl und Wänden aus Preßholz. Eine Längsseite ist zur besseren Entleerung als verriegelbare Klappwand ausgeführt (Abb. 3).
Die Wände und der Boden sind zur Belüftung mit Schlitzen von 30 mm versehen.

Abmessungen der Palette:

	Außenmaße	Innenmaße
Länge	1240 mm	1160 mm
Breite	840 mm	770 mm
Höhe	970 mm	795 mm
Eigenmasse	87 kg	
Nutzvolumen	0,71 m^3	
Tragfähigkeit	1 Mp	

Später wurde auf Anregung der SAG „Umschlagtechnologie für Gemüse, Obst und Kartoffeln" vom VEB SPONETA eine netzbespannte Boxpalette entwickelt (Abb. 13). Diese Palette unterscheidet sich von den gebräuchlichen Baumustern dadurch, daß sie zusammengelegt werden kann und statt der festen Wände mit einem Netz aus PVC-umspritzten Dederonmaterial versehen ist. Zum Zusammenlegen wird der sogenannte Aufsteckrahmen vom Grundgestellt abgehoben, zusammengeklappt und mit vier Schnallen befestigt. Die Palette ist sowohl für den Gabelstaplerbetrieb als auch für Kranarbeit geeignet, da sie neben der notwendigen Bodenfreiheit zum Einführen von Hubgabeln auch Kranösen am Aufsteckrahmen hat. Zum Kranbetrieb wird der Aufsteckrahmen mit dem Grundgestell durch Stecker verbunden.

Abmessungen der netzbespannten Boxpalette:

Grundfläche	800 mm × 1200 mm
Höhe, aufgestellt	930 mm
Höhe, zusammengelegt	270 mm
Nutzvolumen	0,72 m^3
Volumen, zusammengelegt	0,26 m^3
Eigenmasse	43 kg
Tragfähigkeit	1,0 Mp

Abb. 13: Netzpalette, aufgestellt (VEB SPONETA, Mühlhausen)

3.2.3.2.2. Ladeversuche mit Paletten

Um die Eignung von Paletten zur Mechanisierung der Ladearbeiten bei Gemüse zu prüfen, wurden Versuche mit verschiedenen Bauarten durchgeführt.

In einem Versuch mit Flachpaletten sollte geklärt werden, ob mit ihnen gekistetes Gemüse über kurze Strecken transportiert und dann geladen werden kann und wie sich die auf Anhängern gestapelten Kisten während des Transports verhalten. Als Ladegut wurden Blumenkohl und Wirsingkohl verwendet. Auf eine Palette wurden — bei je vier Kisten übereinander — insgesamt 16 Kisten gestapelt (Abb. 14). Das Laden der Paletten auf einen Gespannanhänger erfolgte mit dem RS 09 mit parallel geführter Hubgabel. Durch unterschiedliche Neigung der Standebenen des Anhängers und Traktors entstanden Schwierigkeiten beim Herausziehen der starren Hubgabel aus den Paletten. Auf durchnäßtem Boden rutschten die Treibräder durch, die Lenkfähigkeit war ebenfalls stark beeinträchtigt. Bedingt durch die nur 1800 mm breite Plattform des Anhängers mußten die Paletten mit der Längsseite in Fahrtrichtung gestellt werden. Dadurch standen alle Kisten mit der Schmalseite quer zur Längsachse des Fahrzeuges und gerieten während der Fahrt stark ins Schwanken. Bei Handverladung mit quer zur Fahrtrichtung stehenden Kisten tritt diese Erscheinung nicht in dem Maße auf. Beim Abladen der Paletten mit dem Hubgerät ergab sich die Schwierigkeit, daß durch die auf dem Transport durch seitliches Verschieben entstandene Verzahnung der einzelnen Kistenschichten mehrere Kisten herunterstürzten.

In weiteren Versuchen wurde die Eignung verschiedener Boxpaletten für den Transport von Kopfkohl erprobt. Zunächst wurde die starre Boxpalette vom VEB Gerätebau Großbeeren zusammen mit dem Heckladegerät eingesetzt. Das Füllen der Paletten mit etwa 350 kg Rotkohl erfolgte nach Abstellen auf dem Feld von Hand aus dem Manhardtschen Gemüseerntewagen (Abb. 15). Die Paletten wurden mit dem Heckladegerät auf einen in 25 m Entfernung abgestellten 5-t-Anhänger geladen (Abb. 16), wobei die Ladezeit je Palette infolge Störungen am Gerät anfänglich 3,55 min betrug; später konnte diese

Abb. 14: Flachpalette mit 16 Kisten Wirsingkohl bestellt

Abb. 15: Füllen von Boxpaletten mit Rotkohl aus Manhardtschem Gemüseerntewagen

Zeit auf 2 min gesenkt werden. Das Entladen an der Gemüseerfassungsstelle erfolgte mit einem Gabelstapler, der bei 25 m Entfernung zum Abstellplatz 1,1 min je Palette benötigte.
Um die Verwendung von Boxpaletten im Zusammenwirken mit dem Ernteband T 010 zu erproben, wurde ein mit 8 Boxpaletten bestellter Anhänger vom Ernteband beladen (Abb. 17). Die Übergabe des Erntegutes (Wirsingkohl) in

Abb. 16: Laden von Boxpaletten mit Heckladegerät

Abb. 17: Füllen von Boxpaletten mit Gemüseernteband T 010

die Boxpaletten erfolgte bei geschickter Fahrweise einwandfrei. Durch eine hydraulische Verstellmöglichkeit an der Rutsche könnte die Übergabe noch verbessert werden. Die anfängliche Befürchtung, das Erntegut würde an den scharfen Kanten des Aufsatzrahmens der Boxpalette beschädigt werden, bestätigte sich nicht. Der Kohl wird nach der Abgabe durch den Schrägförderer beim Aufprall auf die Rutsche in seiner Bewegung verzögert und gelangt rollend in die Boxpaletten. Beim Entladen in den Waggon wurde ein Testversuch unternommen, bei dem die Paletten mit dem Heckladegerät in den Waggon abgesetzt wurden. Der Weitertransport innerhalb des Waggons erfolgte mit Gabelhubwagen. Dieser prinzipielle Versuch sollte klären, wie mit diesem im Vergleich zum Gabelstapler relativ schwerfälligen Gerät die Umschlagsleistung gegenüber Handarbeit steigt. Für eine Hängerladung von 8 Boxpaletten wurden 16 min in der Durchführungszeit gemessen, wonach auf 1 t Erntegut 12 min entfallen. Nach den bisher vorliegenden Ergebnissen von Untersuchungen beträgt der Arbeitszeitaufwand beim Verladen von Hand 1 AKh/t [8]. Die Umschlagzeit vermindert sich somit auf 20 v. H. des Handarbeitszeitaufwandes. Dieser Aufwand ließe sich noch weiter senken, wenn für den Umschlag in den Waggon Gabelstapler eingesetzt würden, die durch ihre höhere Beweglichkeit und die Möglichkeit, die Boxpaletten zu stapeln, größere Vorteile bieten.

Bei Versuchen mit der kranbaren Netzpalette wurden statt des Traktorenladers der selbstfahrende Lader T 172 eingesetzt. Das Laden der Paletten erfolgte aus einem am Feldrand stehendem Stapel (Abb. 18). Für die Ladearbeiten wurden einschließlich Kranführer 3···4 AK benötigt. Die Ladezeit

Abb. 18: Laden von Boxpaletten mit T 172 auf Anhänger

betrug je Palette 0,84 min. Durch Übereinanderstellen konnten die Anhänger mit je 12 Netzpaletten beladen werden, wobei die Lademasse etwa 3,6 t betrug. Zum Umschlag vom Anhänger in den Waggon wurde ebenfalls der T 172 eingesetzt (Abb. 19), der in der Durchführungszeit bei 3 AK je Palette eine Minute benötigte. Bei einmaligem Übereinanderstellen konnte der 20-t-Waggon mit 36 Paletten ≙ 10,8 t Kohl beladen werden.

Abb. 19: Laden von Boxpaletten mit T 172 in Waggon

3.2.3.2.3. Leistungsvergleich mit anderen Verfahren

In einer Kalkulation wurden verschiedene Varianten von Handarbeitsverfahren mit denen des Palettentransportes verglichen (Tab. 5).
Aus dem Vergleich geht hervor, daß der Palettentransport sowohl im Arbeitszeitbedarf als auch in den Kosten überlegen ist, wenn man ihn mit dem Transport gekisteter Ware vergleicht. Dagegen fällt der Vergleich mit dem Losetransport in bezug auf die Arbeitszeiteinsparung nur bei den Verfahren 4, 7 und 8 positiv aus, während in den Kosten der Vergleich zugunsten des Losetransports ausfällt. Die Ursachen dafür sind auf den zusätzlichen Aufwand zum Laden und Aufstellen der leeren Paletten zurückzuführen. Bemerkenswert ist, daß bei hohem Mechanisierungsgrad der Erntearbeiten (Ernteband T 010) die Arbeitszeiteinsparungen durch den Palettentransport größer sind als bei Handarbeit. Bei den Kosten ist eine ähnliche Tendenz festzustellen. Daraus kann die Schlußfolgerung gezogen werden, daß der Palettentransport in Kombination mit hoch mechanisierten Ernteverfahren die größten Vorteile bringt.

3.2.3.2.4. Ergebnis der Versuche

Der RS 09 eignet sich in seiner derzeitigen Ausführung des Frontladerss T 150 und seiner Lenkung nur bedingt für das Laden von Paletten.

Tabelle 5
Arbeitszeit- und Kostenbedarf bei Lade- und Transportarbeiten (Feld- und Waggonladen) von Weißkohl mit verschiedenen Verfahren

Verfahren	AKmin/t	rel.	MDN/t	rel.
1. Transport lose, Ladearbeiten von Hand	138	100,0	5,48	100,0
2. Transport in Kisten, Laden von Hand	237	171,7	8,44	154,0
3. Transport in Paletten, Laden mit T 172	141	102,2	6,09	111,0
4. Transport in Paletten, Laden in Waggon mit Gabelstapler	131	94,9	5,73	104,6
5. Transport in Paletten, Laden auf dem Feld mit Frontlader	142	102,9	7,04	128,5
6. Ernte mit Ernteband T 010, Losetransport, Laden in Waggon von Hand	76	55,1	3,78	69,0
7. Ernte mit Ernteband T 010, Transport in Paletten, Laden in Waggon mit T 172	56	40,6	4,18	76,3
8. Ernte mit Ernteband T 010, Transport in Paletten, Laden in Waggon mit Gabelstapler	46	33,3	3,82	69,7

Das Heckladegerät ist ein geeignetes Gerät für Ladearbeiten mit Paletten unter Feldbedingungen. Als nachetilig ist die Arbeit in Rückwärtsfahrt anzusehen. Zukünftig muß deshalb eine parallelgeführte Hubgabel mit Neigungsausgleich für einen neu zu entwickelnden Frontlader gefordert werden.
Der Transport von palettisierten Kisten bereitet durch die geringe Standfestigkeit Schwierigkeiten. Ebenfalls wird das Abladen mit Gabelstaplern dadurch erschwert, daß die beim Transport etwas seitlich verrutschten Kisten beim Anheben andere Kisten zum Absturz bringen. Es wäre günstiger, die Kisten durch eine Boxpalette zu ersetzen, die aber der Druck- und Wärmeempfindlichkeit des Feingemüses Rechnung tragen muß.
Ladearbeiten mit Traktoren sind im Feldbestand nur bei Totalernte möglich, da für die Manöverierfläche eine Breite von etwa 8 m erforderlich ist. Ein Transportieren einzelner Paletten aus einer Entfernung über mehr als 30 m führt zu unwirtschaftlich hohen Transportzeiten gegenüber dem Handverladen auf vorbeifahrenden Wagen.
Die Übergabe des Erntegutes vom Ernteband T 010 in auf Anhänger gestellte Paletten ist ohne Beschädigung des Erntegutes möglich. Durch eine hydraulische Verstelleinrichtung der Rutsche ließe sich das Füllen der Paletten besser regulieren.
Die Erprobung der zusammenlegbaren und starren Boxpalette für den Kohltransport und das System der Verladung hat im Prinzip seine Eignung erwiesen.

Die zusammenlegbare Boxpalette ist durch den Vorteil des geringen Raumbedarfes beim Leerguttransport der starren Boxpalette vorzuziehen. Als nachteilig erweist sich der Zeitbedarf von 5 AKmin je Palette für das Aufstellen. Für die Ladearbeiten in Waggons sind zukünftig Voraussetzungen für den Gabelstaplereinsatz zu schaffen, weil dadurch Ein-Mann-Arbeit möglich ist und auch G-Wagen mechanisiert beladen werden können.

3.2.4. Obsttransport mit Boxpaletten

3.2.4.1. Versuchsdurchführung

Zur weiteren Erprobung der für den Gemüsetransport entwickelten Boxpalette sollte unter den Bedingungen des Straßenobstbaues festgestellt werden, ob eine solche Palette auch für den Obsttransport geeignet ist. Insbesondere war zu ermitteln, ob Ladearbeiten auf der Straße möglich sind.
Der Versuch wurde auf einer Straße I. Ordnung bei der Ernte von Birnen durchgeführt. Zum Entladen der leeren und Laden der gefüllten Boxpaletten wurde der Anhänger auf dem Sommerweg der Straße abgestellt, so daß der Traktor quer zur Straße die Ent- und Beladearbeiten durchführen konnte. Die Gesamtbreite der Straße betrug 8 m, davon waren 3 m Sommerweg.
Das Obst wurde von Hand gepflückt und in die Boxpaletten geschüttet (Lademasse 450 kg). Bei den Ladearbeiten konnte festgestellt werden, daß eine Behinderung des Straßenverkehrs auftritt und durch die zwei zusätzlich erforderlichen Sicherungskräfte kein arbeitswirtschaftlicher Vorteil zu erreichen ist (Abb. 20).
Das Erntegut wies nach 7 km Fahrt — davon etwa 2 km Kopfsteinpflaster — und einer Standzeit von 4 Tagen keine Druckstellen auf. Dieses Ergebnis kann allerdings nicht als gesichert angesehen werden und bedarf noch weiterer Überprüfung.

Abb. 20: Entladen von Boxpaletten auf der Straße

3.2.4.2. Ergebnis des Versuches

Ein mechanisiertes Laden von Boxpaletten bei der Ernte von Straßenobst behindert den Straßenverkehr und bringt keine arbeitswirschaftlichen Vorteile.
Das Verhalten des Obstes in Boxpaletten müßte noch näher untersucht werden, wenn der Kistentransport in Obstplantagen durch den Palettentransport ersetzt werden soll.

4. Zusammenfassung

Untersuchungen über die allgemeinen Voraussetzungen und technischen Möglichkeiten zur Einführung des Behältertransports in die Landwirtschaft ergaben, daß der Behältertransport für bestimmte Transportgüter zweckmäßig ist.
Von den untersuchten Transportgütern erwiesen sich der Transport von Grobgemüse in netzbespannten Boxpaletten und der Transport von Kartoffeln in 1-t-Netzen als technologisch und ökonomisch vorteilhaft.
Der Transport von Obst in Boxpaletten ist unter den Bedingungen des Straßenobstbaus infolge der Behinderung des Straßenverkehrs durch Ladearbeiten mit Traktorenladern nicht zu empfehlen. Das Verhalten des Obstes in Boxpaletten und die technologische Eignung dieses Verfahrens im Plantagenobstbau müssen noch näher untersucht werden.
Versuche mit Großbehältern zum Düngemittel- und Kartoffeltransport führten wegen der fehlenden Hubmittel in der Landwirtschaft und technologischer Nachteile zu keinem positiven Ergebnis. Als Hubmittel wurden Frontlader mit parallelgeführter Hubgabel, Heckladegeräte und Kranlader erprobt sowie Vorschläge für ein neues Frontladegerät unterbreitet.

Выводы

Исследованием общих предпосылок и технологических возможностей применения контейнеров для сельскохозяйственного транспорта была установлена целесообразность транспортировки определенных сельскохозяйственных продуктов в контейнерах. В частности оказалась выгодной с технологической и экономической точек зрения транспортировка крупных овощей в контейнерах со стенками из проволочной решетки и картофеля в сетевидных мешках емкостью до 1 т.
Транспортировка фруктов в контейнерах в условиях разведения плодовых деревьев вдоль дорог не рекомендуется ввиду нарушения уличного движения погрузкой контейнеров тракторными погрузчиками. Возможность транспортировки фруктов в контейнерах и технологическая пригодность этого метода транспортировки для плантажного овощеводства должны быть точнее исследованы.
Опыты применения курпногабаритных контейнеров для транспортировки минеральных удобрений и картофеля не имели положительных результатов вследствие недостатка транспортно-подъемных средств в сельском хозяйстве и технологических недостатков метода.

В качестве подъемных средств применялись фронтальные погрузчики с вилками параллельного движения, погрузчики задней навески и грузовые краны на тракторном ходу. Кроме того был предложен новый тип фронтального погрузчика.

Summary

Studies on the general prerequisites and technological possibilities for the introduction of transport by means of containers into agriculture revealed that it is advisable to convey certain goods in containers.
Transport of field vegetables in network-covered palettes and transport of potatoes in nets with a carrying capacity of 1 metric ton proved to be advantageous in technological and economic respect.
Transport of fruit in palettes cannot be recommended for fruit growing along roads, since tractor loading creates a considerable obstacle to road traffic. The behaviour of fruit in palettes and the technological suitability of the above method for fruit growing in plantations require further investigation.
Experiments with large containers for fertilizer and potatoe transport did not yield positive results because of missing elevating machinery agriculture and certain technological disadvantages. Front loaders with parallel lifting device, rear loaders, and crane loaders were tested as elevating systems. Proposals were made for a new front loader.

Literatur

[1] BÖHL, K.; MEIER, B.; ZEHLE, E.: Die Organisation der Kalkdüngung 1964 im Bezirk Frankfurt (Oder). Dtsch. Landwirtsch. 15 (1964) Nr. 1, S. 12–16
[2] DUNGER, R.: Abschlußbericht zur Forschungsarbeit: „Festlegung der Bedingungen und des Anwendungsbereiches von Paletten und Behältern im Binnen- und internationalen Verkehr". Inst. für Verkehrsforsch. Berlin, 1963.
[3] ERDLENBRUCH, K.: Auswahl und Einsatz von Paletten und Behältern. Wiesbaden, 1960.
[4] GEISSLER, G.: Die Wahl des Behältersystems und die Entwicklung des Behälterverkehrs in der DDR. Deutsche Eisenbahntechnik 9 (1961) Nr. 10, S. 473–481
[5] GROTH, H. J.: Kornbunker zum Abtransport des Mähdruschgetreides. Dtsch. Landwirtsch. 10 (1959) Nr. 12, S. 598–599
[6] KRAUSE, H.: Der Großbehälter im Schnittpunkt folgerichtiger Entwicklung. Dtsch. Eisenbahntechn. 6 (1958) Nr. 8, S. 402–405
[7] KUNZE, P.: Untersuchungen über die Nutzung von Spezialfahrzeugen, insbesondere Behälterfahrzeuge für landwirtschaftliche Transporte. Forschungsbericht 170207h 2-03/1. LPG-Hochschule, Meißen, 1962
[8] LINDNER, H.: Untersuchungen über die Möglichkeiten der Mechanisierung der Feldgemüseernte mit dem neu entwickelten Gemüseernteförderband T 010 und dem Gemüseerntewagen GEW/S. Dipl.-Arb. Bernburg, 1963. Hochschule für Landwirtschaft
[9] MAYERCORDT, W.: Behälter und Paletten. Darmstadt, 1960. Carl Röhrig Verlag
[10] MAYERCORDT, W.: Paletten und kombinierter Verkehr. Verkehr u. Technik, 1961 Nr. 5, S. 155–159
[11] PETERSDORFF, H.: Abschlußbericht „Untersuchungen über den Behältertransport in der Landwirtschaft". Forschungsbericht 171601-28/3 Hochschule für Landwirtschaft Bernburg, 1964

[12] PETERSDORFF, H.: Der Behältertransport und seine Auswirkung auf die Organisation des landwirtschaftlichen Transportwesens. Diss. Landw. Fak. Univ. Rostock, 1965
[13] —: Technische Vor- und Nachteile von verschiedenen Arten von Transportmitteln für den Verkehr Schiene–Straße. Behälterverkehr Nr. 5/6 (1959) S. 34
[14] —: Mechanical reefers — or trailers? Modern Railroads 16 (1961) Nr. 12, S. 58–60
[15] —: Abschlußbericht Behälterverkehr Institut für Schienenfahrzeuge Berlin-Adlershof, Textband Ausgabe A 1957
[16] —: Unveröffentlichtes Material der überbetrieblichen SAG „Umschlagstechnologie für Gemüse und Kartoffeln in Netzen und netzbespannten Paletten". 1963
[17] —: Unveröffentlichtes Material der AG „Gutarten" des Instituts für Verkehrsforschung Berlin

31 029

MIX
Papier | Fördert gute Waldnutzung
FSC® C083411

Zeitfracht Medien GmbH
Ferdinand-Jühlke-Straße 7
99095 Erfurt, Deutschland
produktsicherheit@kolibri360.de